U0052162

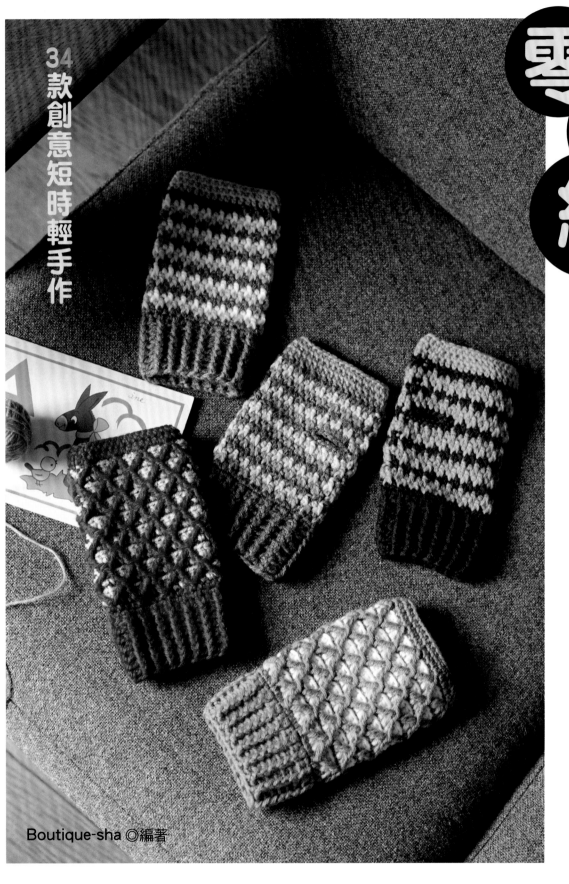

34
款
創
意
短
時
輕
手
作

零
碼
線

的

玩色

＆

拼接
小物

Boutique-sha ◎編著

INTRODUCTION

您家裡是否也有陸續累積下來的零碼毛線呢？

分量不足以鉤織作品，丟掉又覺得好可惜……

本書正是收錄了許多將零碼線材善加利用的鉤針創意作品集。

只要運用各種不同顏色與質感的毛線，

就能夠組合出色彩繽紛、趣味十足的生活小物。

還可依照自己的喜好搭配線材與配色等，

請盡情享受活用零碼毛線的樂趣吧！

CONTENTS

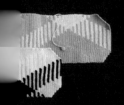

餐廚用織品小物

以少許毛線就能完成的杯墊與隔熱墊，最適合用來消耗零餘線材了。只要組合數種不同顏色的餘線，轉眼間就作好色彩繽紛又可愛的生活小物。

[懷舊風花樣織片杯墊]

帶著些許北歐或昭和的懷舊風情，
令人聯想到花朵的杯墊。
使用同樣的四色，組合出大不相同的感覺。

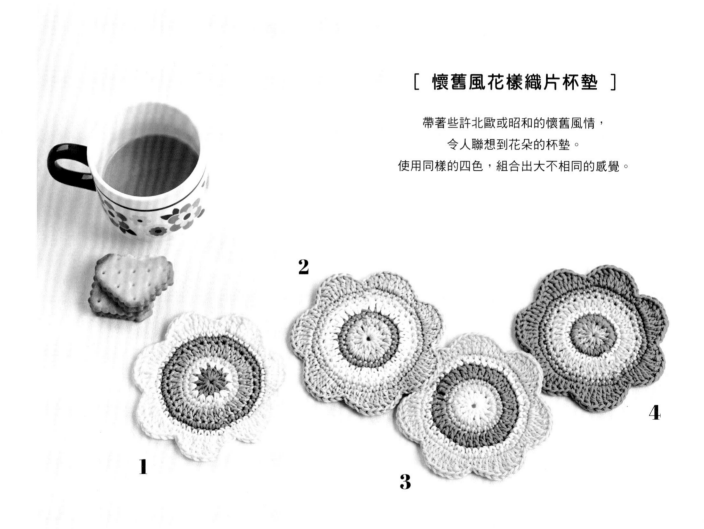

1

2

3

4

織法
p.38

設計・製作 akaneko

隨心所欲
盡情享受組合配色的
鉤織樂趣！

[懷舊風花樣織片隔熱墊]

無論是什麼樣的配色都能完成好可愛的作品，
色彩繽紛的三款隔熱墊。
5 是以長針為主鉤織織片，再刺繡花朵圖案。
6 是人見人愛的懷舊風雛菊。
7 是由中央開始鉤織，並且加上可愛的緣編。

5

7

6

織法
5 p.39
6 p.40
7 p.38

設計・製作 橋本真由子

PART2

一邊鉤織
一邊拼接織片喔！

拼接圓形織片

以下介紹的兩款作品，都是一邊鉤織圓形花樣織片一邊拼接的作法。並非先完成所有織片再接合，邊織邊接的過程正是令人深深著迷的有趣之處。

[全部都是圓形織片的餐墊]

由中央開始以長針一圈圈完成圓形織片，
接合無數片後構成色彩繽紛的餐墊。
最後只要以蒸氣熨斗整燙，
就完成平整漂亮的餐墊嘍！

8

織法
p.41

設計・製作　akaneko

織法
p.41

設計・製作　akaneko

9

11

10

[九宮格圓形織片杯墊]

由九片圓形花樣織片組成的杯墊。
以色彩鮮豔的織線構成繽紛華麗的作品，
盡情享受色彩搭配的樂趣。
少許織線即可製作，是消減零餘線材的好點子。

PART3

拼接花朵織片

由一片片甜美可愛，蓬鬆柔軟的花形織片接合
而成。利用短暫的空閒時間，慢慢鉤織＆累積
織片也十分有趣！

織法
p.42

設計・製作　akaneko

12

［ 玄關地墊 ］

拼接了大量的花形織片，
宛如錦簇花海的玄關地墊。
玄關之外，也很適合臥室或廚房等空間。

[隔熱墊]

7片花形織片就能簡單完成的隔熱墊。
可讓廚房氛圍更加溫馨明亮。

織法
p.42

設計・製作 akaneko

13

14

[提籃防塵罩]

將花形織片裝飾於中央的防塵罩。
只要輕輕蓋在提籃之上，
頓時顯得很時尚。

15

織法
p.44

設計・製作 harinezumi

PART4

手提袋 & 波奇包

可以輕鬆鉤織完成的波奇包，或方便日常外出
使用的手提袋等，本單元匯集了適合每天使用
的超實用包包。

織法
p.43

設計・製作 marshell

16

18

17

[超簡單的方形波奇包]

鉤織一片方形織片，摺成信封狀之後，
只要接縫就完成的簡單波奇包。
不僅可以當作卡片夾，也適合收納耳機、鑰匙等，
作為隨身小物包使用。

還可以
當作卡片夾！

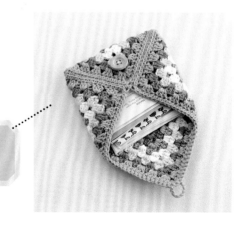

[圓底的口金波奇包]

每段皆部分換線配色鉤織的繽紛波奇包。
使用彈簧口金所以不需縫合拉鍊，開闔更加輕鬆便利！

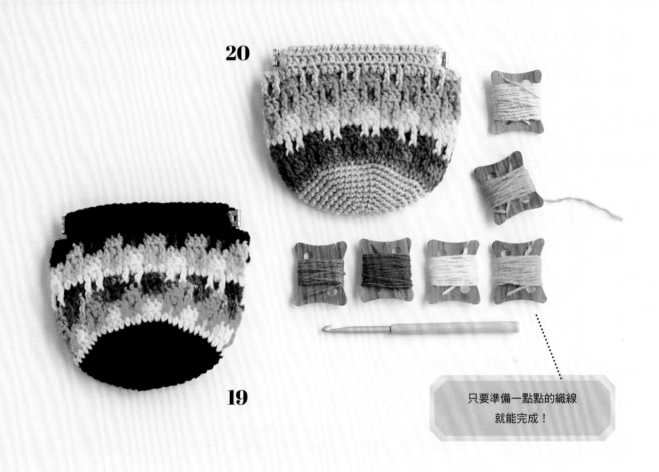

20

19

只要準備一點點的織線
就能完成！

織法
p.46

設計　トヨヒデカンナ
製作　今井静枝

19 中央的織段是以漸層色線鉤織。

袋底為圓形，因此收納容量大。

21

織法
p.48

設計・製作 lunedi777

[織片拼接手提袋]

拼接正方形花朵織片構成的甜美手提袋。
即使運用了豐富多樣的色彩，
依然可以藉由原色提把和緣編
營造出協調的整體感。

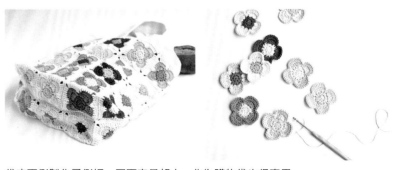

袋底兩側製了側幅，因而容量超大。作為購物袋也很實用。

可以當成筆袋使用喔！

[眼鏡袋]

色彩繽紛的松編風織片成了可愛的眼鏡袋。
袋口的彈簧口金安裝容易，取放眼鏡也十分方便。
還可以當作筆袋使用！

22

織法
p.50

設計‧製作 farm-m

23

24

[極簡托特包]

以米編進行一圈一圈的輪編，簡單素雅又大方的托特包。
25 以黑白色系營造漸層整體感。
26 則是各色織線集大成的豐富多彩配色。

26

25

織法
p.52

設計・製作 金子祥子

14

28

27

29

[方格鬆餅編手機袋]

恰好可以放入智慧型手機的斜背小物袋。
以容易鉤織的T恤紗製作，
方格鬆餅編的凹凸立體感，別緻又獨特！

織法
p.54

設計 岡本啓子
製作 maimai

30

31

32

[糖果束口袋]

以圓潤飽滿的玉針點綴袋身,粉嫩繽紛的束口袋。
掌心大小的渾圓外形,甜美可愛!

真的只剩一點點的少量餘線,
不妨拿來鉤織圓點的玉針,
毫不浪費的澈底用盡吧!

織法
p.56

設計 トヨヒデカンナ
製作 今井静枝

[肩背托特包]

鉤織了各式花樣的繽紛織片，
轉為縱向使用後製作而成的托特包。
從兩側延伸出便利的肩背帶，
袋身部分則是加上了扇形緣編作為裝飾。

33

織法
p.58

設計・製作　池上舞

連指手套、圍脖、室內鞋等隨身保暖小物們。
作為寒冬時節的最佳良伴如何？

[短針的連指手套]

線材組合樂趣無窮的粉彩連指手套。
即使分量不足以鉤織兩隻手也沒關係，
左右手分別以不同顏色構成，
反而顯得更加多彩可愛。

36

34

35

37

織法
p.60

設計・製作　池上舞

[花樣編的露指手套]

38～40 是交互鉤織中長針與長針引上針的模樣。

41‧42 則是呈現立體感的菱格紋鬆餅編。

手腕部分織成方便穿脫的鬆緊編狀。

拇指處亦為
露指的孔洞設計。

38

39

40

41

42

織法
p.62

設計‧製作 marshell

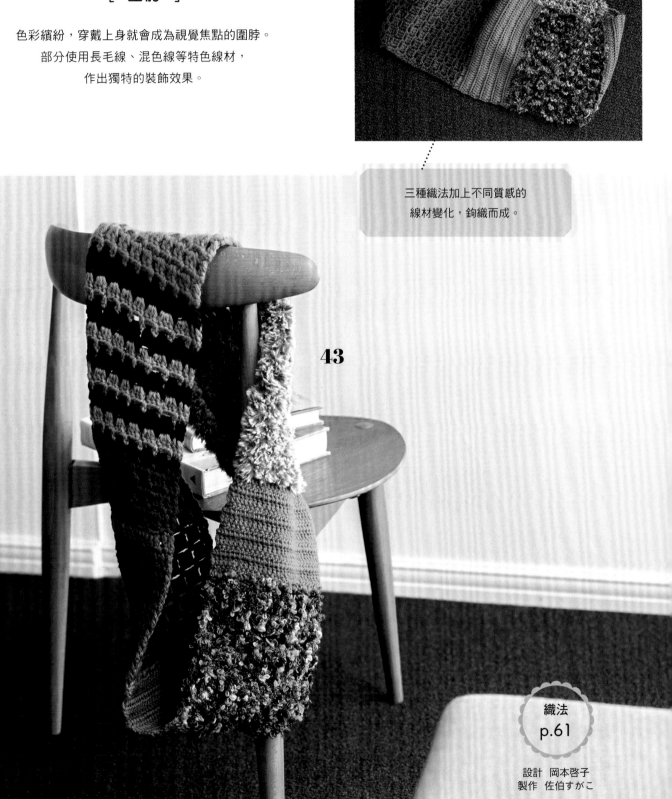

[圍脖]

色彩繽紛，穿戴上身就會成為視覺焦點的圍脖。
部分使用長毛線、混色線等特色線材，
作出獨特的裝飾效果。

三種織法加上不同質感的
線材變化，鉤織而成。

43

織法
p.61

設計 岡本啓子
製作 佐伯すがこ

[繽紛多彩室內鞋]

由腳尖開始朝著腳跟鉤織的室內鞋。
腳背部分的配色繽紛多彩，
可確實包覆雙腳，十分保暖。

45

44

46

織法
p.64

設計・製作 金子祥子

21

室內裝飾小物

甜美可愛的裝飾小物能夠為日常家居生活增加色彩。何不試著以色彩繽紛的手織品妝點室內空間呢？

47

[大型手織毯]

可以盡情享受編織一段段不同花樣編樂趣的手織毯。
無論是置於沙發上、床上、或掛在椅子上，
隨手一放都能大放異彩。
是能夠讓室內空間更加繽紛亮眼的設計！

織法
p.66

設計 河合真弓
製作 松本良子

隨意組合零碼織線。
稍顯華麗的甜美可愛！

運用玉針、鏤空、爆米花針等針法，
由於各段織法都不同，
鉤織過程令人感到趣味十足的作品！

[北歐風抱枕套]

正方形花樣織片組合而成，繽紛多彩又可愛的抱枕套。
運用了織入花樣、爆米花針、艾倫風花樣編等各種鉤織技巧。

48

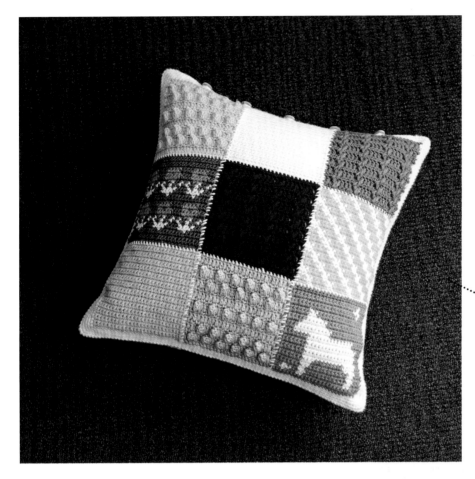

背面的用色和配置都不同。
可以隨意變換組合
這點也很讚！

抱枕套的開口設計
以鈕釦來開闔。

織法
p.70

設計‧製作 岡まり子

[大·中·小置物籃]

善用餘線，以短針一圈圈鉤織而成的置物籃。
容易四處散落的生活小物隨手一收，
居家收納神器就是它！

51

49

50

織法
p.73

設計·製作 岡まり子

因為加上了提把，
收拾移動更輕鬆！

三款置物籃皆以相同織圖製作，
僅使用不同粗細的織線來變化大小尺寸。

疊放收納不佔空間！

52

53

[面紙盒套]

可以在短時間迅速完成的祖母方格風面紙盒套。
使用粉紅色、綠色等明亮色彩,
作出點綴居家氛圍的季節感配色正是時候!

適合薄型面紙盒的設計。
只要增加鉤織段數,
就能完成一般規格的面紙盒套。

織法
p.74

設計・製作 Catch the rainbow ゆうこ

[菱格紋書套]

以四色織線鉤織出大塊菱格紋花樣，完成A6尺寸的書套。
伴隨漂亮時尚的花樣，更添閱讀樂趣！

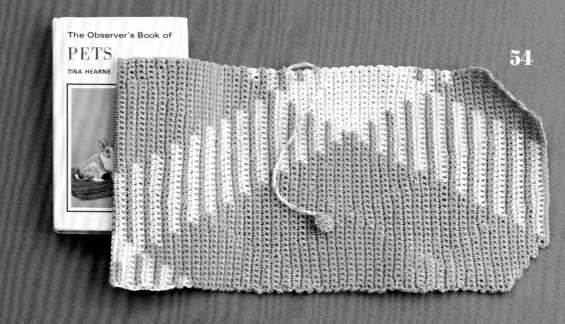

54

55

織法
p.76

設計　トヨヒデカンナ
製作　オザキサワコ

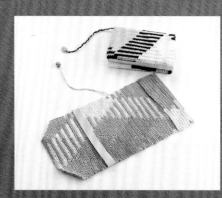

56

57

58

[寶特瓶提袋]

可愛的松編風花樣，
適合500ml容量的寶特瓶提袋。
分別以四色織線完成華麗亮眼的配色。

織法
p.78

設計・製作 岡まり子

最適合收納飾品、
鈕釦等小物。

61

60

59

[三角花樣置物盒]

使用近年在國外蔚為潮流的釘子編鉤織而成的小物盒。
在下方挑針、鉤出織線，形成三角花樣。
以粉嫩色系的織線作出了甜美成品。

織法
p.80

設計・製作 akaneko

[桌用捲筒衛生紙套]

取下捲筒衛生紙內側的紙芯，
宛如面紙般，從中央抽取衛生紙使用的收納套。
可愛的鬱金香花樣編是最佳點綴。

63

62

織法
p.82

設計‧製作　橋本真由子

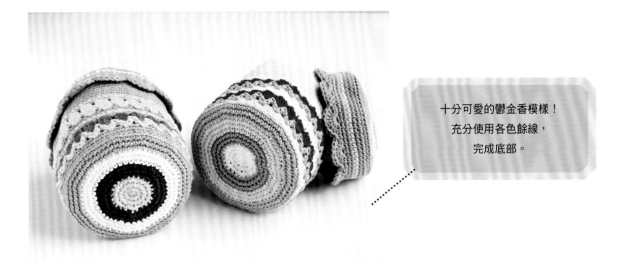

十分可愛的鬱金香模樣！
充分使用各色餘線，
完成底部。

[椅凳套]

從中央以輪編一圈圈鉤織完成的椅凳套。
讓人不由得想起昭和時代的懷舊氛圍，有種復古的可愛感。
似乎會成為室內的重點裝飾呢！

65

64

織法
p.84

設計・製作 Catch the rainbow ゆうこ

68

67

66

織法
p.86

設計·製作 lunedi777

大、小花盆都適用的
設計巧思!

[盆栽吊籃]

可以放入盆栽,時尚俐落吊掛裝飾的吊籃套。
除了以毛線鉤織,使用棉繩、麻繩等素材也是good idea。
不妨混搭單色及多色鉤織的吊籃套來布置空間。

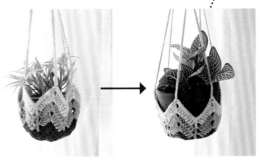

輕鬆織的鉤針編織小物

本單元將介紹在空閒時間就能輕鬆完成的鉤針編織小物。每一款都可愛得讓人想組合各種色彩，盡情鉤織！

[圓滾滾的針插]

外形像極日本手毬，可愛又繽紛的針插。
無論是局部使用金蔥刺繡線，或以漸層線鉤織，
隨處可見呈現設計感的小巧思。

69

70

73

74

71

72

織法
p.85

設計・製作 Catch the rainbow ゆうこ

[傘柄套]

套在塑膠傘的握把上就立刻成為專屬記號的織品。
由於接連使用少量的各色線，
最適合作為消化餘線的手織小物。

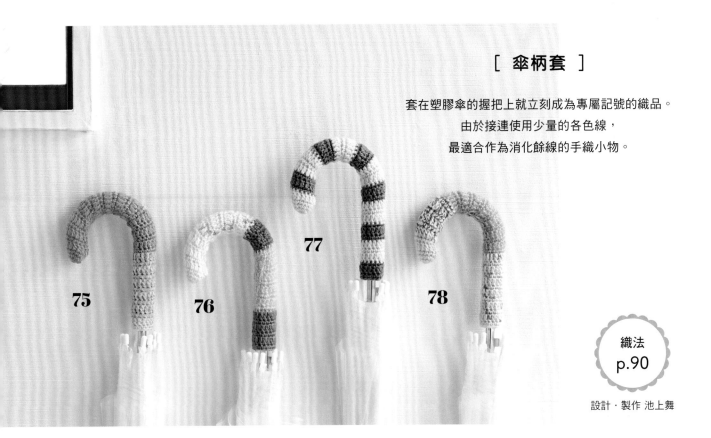

75
76
77
78

織法
p.90

設計·製作 池上舞

[鑰匙包]

用來收納零錢、耳機等隨身小物，
鑰匙圈造型的迷你波奇包。
無論是條紋款或亮眼撞色款，
光構思配色就樂趣無窮！

80
83
79
82
81
86
84
85

織法
p.88

設計·製作 akaneko

零餘織線的活用要點

1　選用相同粗細的織線

以複數織線鉤織作品時，儘量挑選粗細相同的織線。

例 ✕

織線粗細各不相同

○

織線粗細相同

※織線粗細略微不同
也沒關係！
但儘量使用粗細相同的
織線，成品會更加
精緻漂亮。

2　沒有相同粗細的織線時，可合併2股或3股細線代替

缺少同規格織線時，可利用合併數條細線的方法來取代。

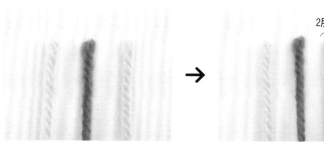

同粗細線材的代替方式……

→

2股細線

合併數條細線來鉤織

2股細線

p.35鑰匙包就是
「合併2股線」
鉤織的作品。

3　成品風格會因為使用線材而大不相同

選擇線材時，請配合織品類型想要呈現的印象、質感來挑選。

毛線

羊毛、壓克力等材質的毛線，蓬鬆柔軟且輕盈保暖，是鉤織蓋毯、圍脖等秋冬用品的絕佳素材。織品洋溢著柔美氛圍。

棉線

棉線較毛線重，但韌性絕佳而結實耐用。由於鉤織的針目較為緊密實在，適合希望作品不易變形或作為春夏織品時使用。

麻線

天然樸實的質感，是亞麻、苧麻、黃麻等麻質線材的最大特色。適合用於鉤織夏季用品，或想要呈現粗獷素材感的裝飾小物。

4 即使是相同的織圖，只要改換線材粗細就能完成各種大小尺寸

只要使用不同粗細的織線來鉤織本書刊載的織圖，就能完成各種尺寸的作品。
不妨配合家中零餘織線的粗細，盡情變化出各種組合搭配。

超極太

並太

中細

全都使用
相同織圖！

5 尺寸不合時，那就改換鉤針號數來調整吧！

以指定針號鉤織的試織片與作法頁完成尺寸不同時，那就改換不同號數的鉤針吧！
試織尺寸較大時改用較小號（較細）的鉤針，尺寸較小時則改用較大號（較粗）的鉤針。

祕技！ 方便管理餘線的技巧！少量餘線也能捲成俐落線球的方法。

可由中央
拉出織線！

滑順好抽…

宛如
市售線球！

❶

以手指壓住

以拇指壓住
線頭，在筆
等細棍上繞
線20次。

❷

依圖示斜斜
地繞線。

❸

一邊緩緩
轉動筆身
一邊繞線

以相同作法
繼續繞線。

❹

由上往下看
的模樣。

❺

線球高度太大時，以手指稍
微壓扁。

❻

捲好線球之後抽出筆身。

❼

完成線球。

Point!
若是想要捲繞的
線量較多，
可使用粗筆或
保鮮膜紙芯等來繞線！

P.4　1・2・3・4

〔線材〕
並太棉線
白色　9g
綠色　9g
黃綠　9g
杏色　9g
※杯墊4片的線量。

〔工具〕
鉤針　5/0號

〔完成尺寸〕
直徑10.5cm

〔織法〕
輪狀起針，以輪編鉤織花樣織片
作成杯墊。

7 …77針（＋21針）
6 …56針（＋7針）
5 …49針（＋12針）
4 …37針（＋10針）
5 …27針（不加減）
2 …27針（＋13針）
1 …14針
段

杯墊織圖
5/0號鉤針

10.5c

配色

	1	2	3	4
1段	綠色	黃綠	白色	杏色
2段	白色	杏色	黃綠	綠色
3段	黃綠	綠色	杏色	白色
4段	杏色	白色	綠色	黃綠
5段	綠色	黃綠	白色	杏色
6・7段	白色	杏色	黃綠	綠色

※第2段的短針是在前段的長針之間挑束鉤織。

P.5　7

〔線材〕
合太毛線
白色　8g
橘色　7g
綠色　4g

〔工具〕
鉤針　5/0號

〔完成尺寸〕
長16cm　寬16cm

〔織法〕
輪狀起針開始鉤織隔熱墊本體，
在第8段中途鉤織吊耳。

配色

1段	綠色
2～5段	橘色
6・7段	白色
8段	綠色

隔熱墊織圖
5/0號鉤針

▶＝剪線

以結粒針的要領
鉤織引拔針

吊耳

鎖針
20針

16c

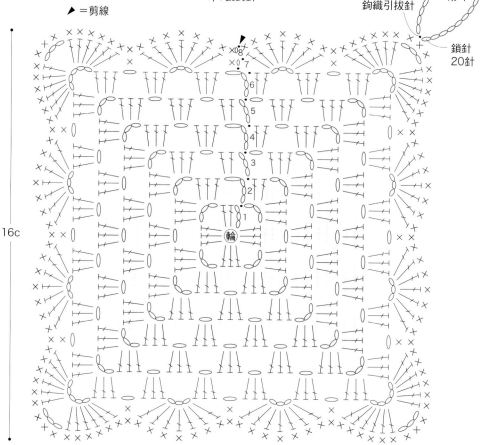

〔線材〕

合太毛線

　紅色　15g

　白色　10g

〔工具〕

　鉤針　5/0號

〔密度(10cm正方形)〕

　花樣編　21針　10段

〔完成尺寸〕

　長16cm　寬16cm

〔織法〕

1. 鎖針起針，鉤織花樣編的隔熱墊本體。
2. 進行緣編，並製作吊耳。
3. 在隔熱墊本體上刺繡。

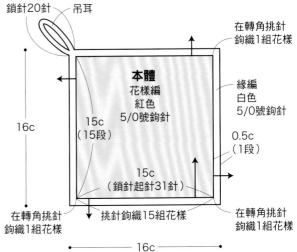

鎖針20針　吊耳

在轉角挑針
鉤織1組花樣

緣編
白色
5/0號鉤針

本體
花樣編
紅色
5/0號鉤針

16c

15c
（15段）

0.5c
（1段）

15c
（鎖針起針31針）

在轉角挑針
鉤織1組花樣

挑針鉤織15組花樣

在轉角挑針
鉤織1組花樣

16c

隔熱墊本體・緣編織圖

5/0號針

吊耳　鎖針20針

緣編 1組花樣

15

10

5

→

1←

起針處 鎖針起針31針

穿入鏤空處刺繡

▷＝接線

◤＝剪線

刺繡方式

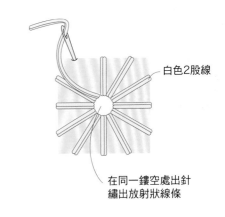

白色2股線

在同一鏤空處出針
繡出放射狀線條

＝刺繡位置

P.5 6

〔線材〕
合太毛線
藍色 10g
黃色 8g
灰色 6g

〔工具〕
鉤針 5/0號

〔完成尺寸〕
直徑19cm

〔織法〕
1. 輪狀起針，以輪編鉤織花樣編的隔熱墊本體。
2. 進行緣編以及在本體上鉤織放射狀裝飾線。緣編中途鉤織吊耳。

隔熱墊本體織圖
5/0號鉤針

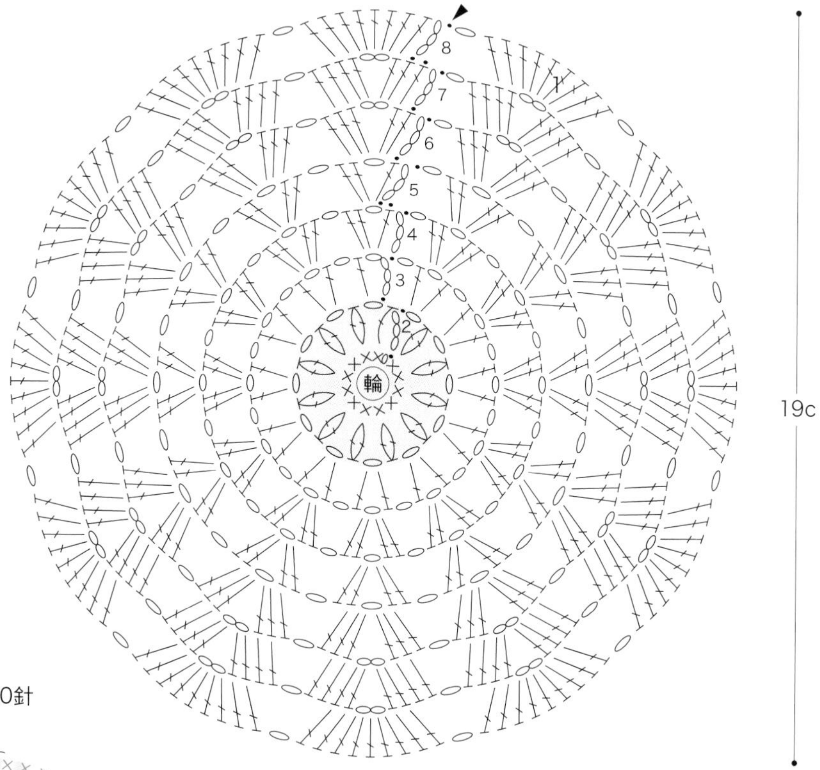

8
7
6
5
4
3
2
1
輪
19c

緣編・裝飾線織圖
灰色
5/0號鉤針

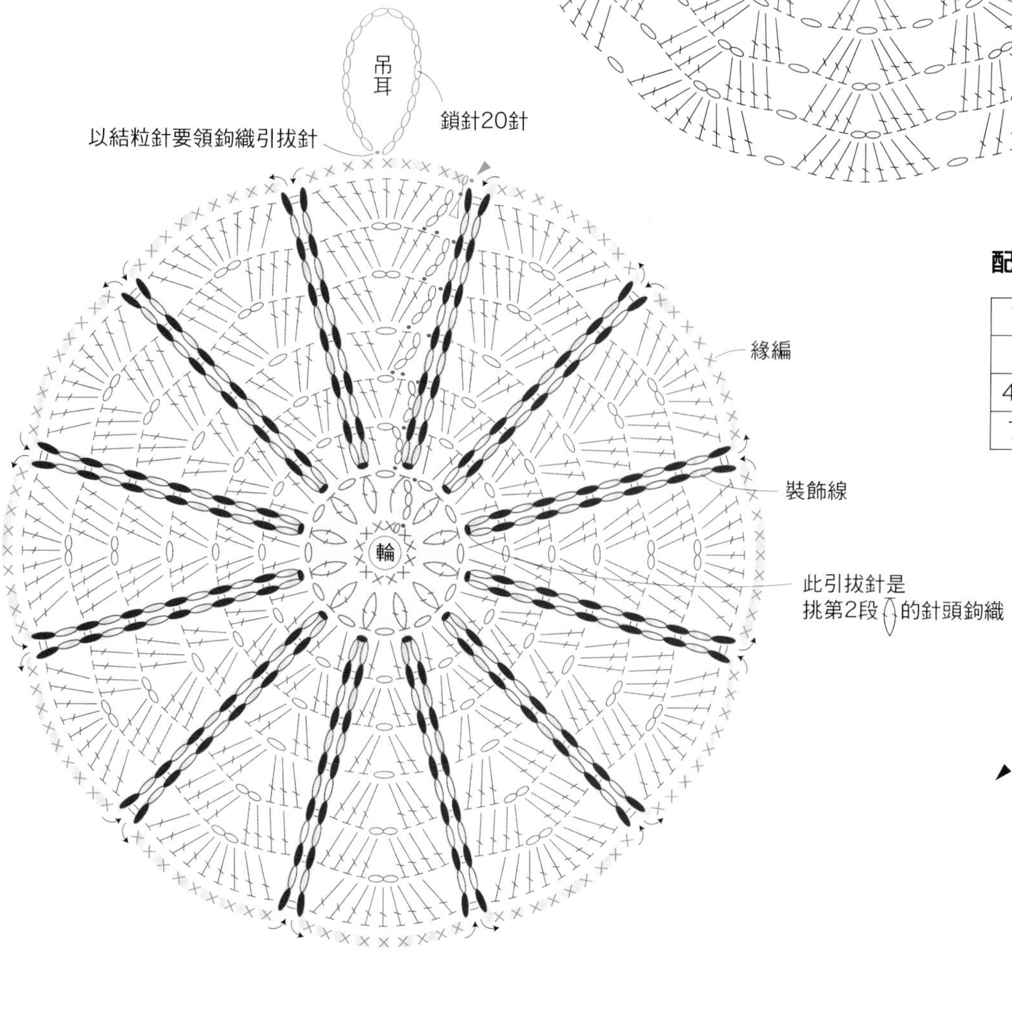

吊耳
鎖針20針
以結粒針要領鉤織引拔針
緣編
裝飾線
輪
此引拔針是
挑第2段 的針頭鉤織

配色

1・2段	灰色
3段	藍色
4～6段	黃色
7・8段	藍色

▷ ＝接線
▶・▶ ＝剪線

P.6 8　　P.7 9・10・11

〔線材〕
並太棉線

8
白色 36g
藍色 18g
灰色 14g
深藍 13g
紅色 8g

9
紫色 4g
白色 3g
灰色 3g
黃色 3g

10
粉紅 5g
白色 3g
水藍 3g
灰色 2g

11
白色 4g
綠色 4g
橘色 3g
灰色 2g

〔工具〕
鉤針 5/0號

〔完成尺寸〕
8 寬24.5cm 長35cm
9・10・11 寬10.5cm 長10.5cm

〔織法〕
1. 輪狀起針，以輪編鉤織第1片花樣織片。
2. 第2片開始，一邊鉤織一邊在最終段接合相鄰織片，直到完成全部織片。8鉤織70片，9・10・11分別鉤織9片。

花樣織片織圖
8 70片　　**9・10・11** 各9片
5/0號鉤針

● ＝接合位置

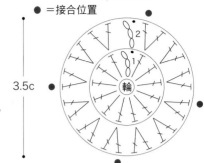

3.5c

8 花樣織片配置圖
※數字為織片的鉤織接合順序。

花樣織片

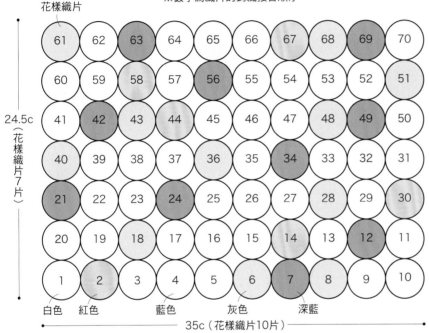

24.5c
（花樣織片7片）

白色　紅色　　　藍色　　　灰色　　　深藍

35c（花樣織片10片）

9 花樣織片配置圖
※數字為織片的鉤織接合順序。

灰色

7	8	9	花樣織片
6	5	4	
1	2	3	

10.5c
（花樣織片3片）

黃色　　白色　　紫色

10.5c
（花樣織片3片）

10 花樣織片配置圖
※數字為織片的鉤織接合順序。

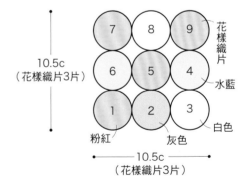

7	8	9	花樣織片
6	5	4	水藍
1	2	3	白色

10.5c
（花樣織片3片）

粉紅　　灰色

10.5c
（花樣織片3片）

9・10・11 的織片接合方法

※挑箭頭指示的針目接合。
※**8** 也以相同作法接合。

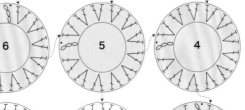

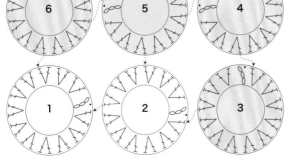

※接合花樣織片時，先織完接合處的長針，再依圖示穿入前片接合處（●）的長針針頭，接合後再鉤下一針長針。

11 花樣織片配置圖
※數字為織片的鉤織接合順序。

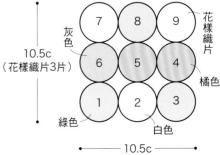

灰色

7	8	9	花樣織片
6	5	4	橘色
1	2	3	

10.5c
（花樣織片3片）

綠色　　白色

10.5c
（花樣織片3片）

〔線材〕
合太毛線
12
原色　95g
灰杏　37g
綠松石　30g
粉紅　30g
薄荷綠　28g
褐色　20g

13
原色　8g
灰色　3g
紅色、黃綠、紫色、鵝黃、橘色各2g

14
原色　8g
灰色　3g
藍色、水藍、淺褐、黃色、粉杏各2g
※織片1片用量約3g（1・2段1g、第3段2g）

〔工具〕
鉤針　5/0號

〔完成尺寸〕
12　寬約33cm　長約48cm
13・14　寬約13cm　長約14cm

〔織法〕
1. 鎖針起針，以輪編鉤織花樣織片，**12**織80片，
   13・14分別鉤織7片。
2. 挑針綴縫接合織片。

花樣織片織圖

12 80片　**13・14** 各7片
5/0號鉤針
※第3段換線配色。

約5c
約5c

13 花樣織片配置圖

花樣織片

約13c
（花樣織片3片）

—— 約14c（花樣織片3片）——

☐=原色　　☐=黃綠　　☐=鵝黃
☐=灰色　　☐=紫色　　☐=橘色
☐=紅色

—— =挑針綴縫

14 花樣織片配置圖

花樣織片

約13c
（花樣織片3片）

—— 約14c（花樣織片3片）——

☐=原色　　☐=淺褐
☐=灰色　　☐=黃色
☐=藍色　　☐=粉杏
☐=水藍

▶=剪線

12 花樣織片配置圖

花樣織片

約33c
（花樣織片8片）

—— 約48c（花樣織片10片）——

☐=原色　　☐=灰色
☐=綠松石　☐=粉紅
☐=薄荷綠　☐=褐色

挑針綴縫

背面

織片背面朝上並排，以分開
最終段鎖針的方式挑針，接
縫花樣織片。

〔線材〕
並太棉線
16
綠松石　12g
粉紅　8g
黃色　6g
白色　5g
17
粉紅　12g
綠色　8g
白色　6g
水藍　5g

18
紫色　12g
水藍　8g
淺粉　6g
灰色　5g
〔其他材料〕
鈕釦（2cm）1顆
〔工具〕
鉤針　6/0號

〔完成尺寸〕
寬約11cm　長12.5cm
〔織法〕
1. 輪狀起針，鉤織花樣織片。
2. 在花樣織片的其中一個轉角鉤織釦絆。
3. 如圖示背面相對，摺入另外三角，以半針目的捲針縫縫合。
4. 縫上鈕釦即完成。

配色

	16	17	18
第1段	粉紅	綠色	水藍
第2段	綠松石	粉紅	紫色
第3段	白色	水藍	灰色
第4段	黃色	白色	淺粉
第5段	粉紅	綠色	水藍
第6段	綠松石	粉紅	紫色
第7段	白色	水藍	灰色
第8段	黃色	白色	淺粉
第9段	粉紅	綠色	水藍
10・11段	綠松石	粉紅	紫色
釦絆	綠松石	粉紅	紫色

花樣織片織圖
6/0號鉤針

釦絆

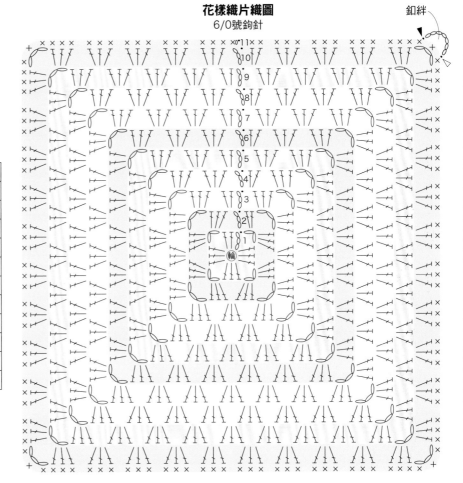

16c

▷＝接線
▶＝剪線

縫製方法

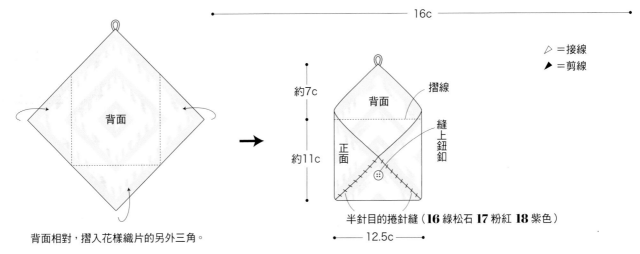

背面相對，摺入花樣織片的另外三角。

約7c

約11c

背面

摺線

縫上鈕釦

正面

半針目的捲針縫（**16** 綠松石 **17** 粉紅 **18** 紫色）

12.5c

〔線材〕
合太毛線
原色　33g
碳灰色　28g
綠色　7g
芥末黃　4g

〔工具〕
鉤針　6/0號、5/0號
〔完成尺寸〕
長33cm　寬33cm

〔織法〕
1. 輪狀起針，鉤織防塵罩。
2. 輪狀起針鉤織第1片花形織片。第2片起，一邊鉤織一邊在最終段接合相鄰織片，共製作接合7片。
3. 將拼接織片置於防塵罩中央，縫合固定。

花形織片織圖（7片）
6/0號鉤針

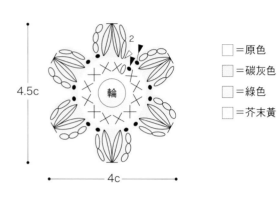

4.5c

4c

輪

□=原色
□=碳灰色
□=綠色
□=芥末黃

織片接合方法
※依照1~7的順序鉤織。
※挑箭頭指示的針目引拔接合。

▷=接線
▶=剪線

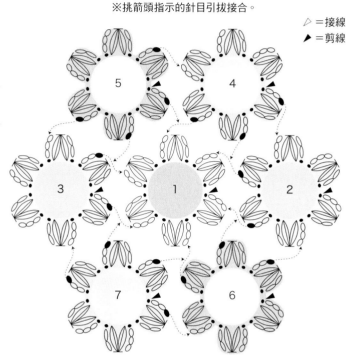

織片配色

第1段	第2段	數量
原色	碳灰色	2片
綠色	芥末黃	2片
芥末黃	綠色	2片
碳灰色	原色	1片

防塵罩

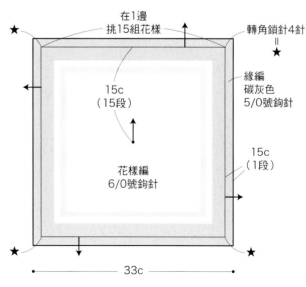

在1邊
挑15組花樣

轉角鎖針4針
=
★

緣編
碳灰色
5/0號鉤針

15c
（15段）

15c
（1段）

花樣編
6/0號鉤針

33c

※參照織圖加針。
※參照防塵罩配色換線。

縫製方法

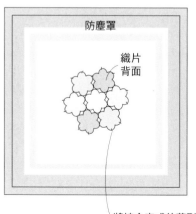

防塵罩

織片
背面

將接合完成的花形織片背面朝上，
置於防塵罩中央，縫合固定。

防塵罩織圖

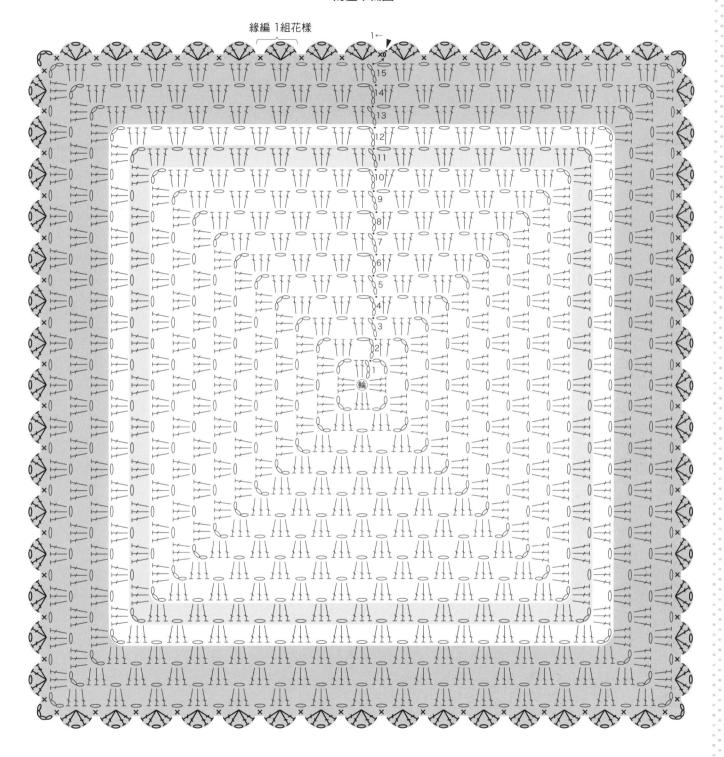

緣編 1組花樣

防塵罩配色

1～10段	原色
11段	綠色
12段	原色
13～15段	碳灰色

〔線材〕
中細毛線
19
黑色　15g
螢光黃　6g
綠色　3g
淺綠　3g
藍色漸層　3g
20
灰色　15g
紅色　3g
橘色　3g
黃綠　3g
黃色　3g
紫色　3g

〔其他材料〕
彈簧口金（12cm）1個
〔工具〕
鉤針　4/0號
〔密度（10cm正方形）〕
花樣編　22針　14段

〔完成尺寸〕
高14 cm　寬13.5 cm
〔織法〕
1. 輪狀起針，以短針鉤織袋底。
2. 繼續沿袋底挑針進行輪編，鉤織花樣編的袋身。
3. 在袋身挑針鉤織長針，製作口金穿入處。
4. 口金穿入處對摺後捲針縫固定，穿入彈簧口金。
5. 以捲針縫縫合口金兩側的袋身最終段，完成。

本體
4/0號鉤針

口金穿入處
長針
19 黑色 **20** 灰色

10.5c（挑23針）
（另一側相同）　往復編

3c（4段）
3c
（7針）

花樣編

8c
（11段）

袋身

輪編

27c（挑60針）

4.5c
（10段）

短針

袋底　※參照織圖加針。
　　　※參照袋身配色換線。

19 黑色
20 灰色

60針

袋身配色

	19	**20**
1・2段	螢光黃	紅色
3・4段	綠色	紫色
5・6段	藍色漸層	黃色
7・8段	螢光黃	黃綠
9・10段	淺綠	橘色
11段	黑色	灰色

縫製方法

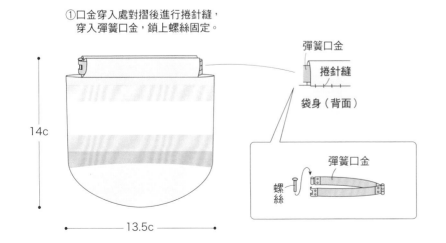

①口金穿入處對摺後進行捲針縫，
　穿入彈簧口金，鎖上螺絲固定。

彈簧口金
捲針縫
袋身（背面）

彈簧口金
螺絲

14c
13.5c

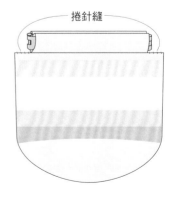

②以捲針縫縫合口金兩側的
　袋身最終段。

捲針縫

本體織圖

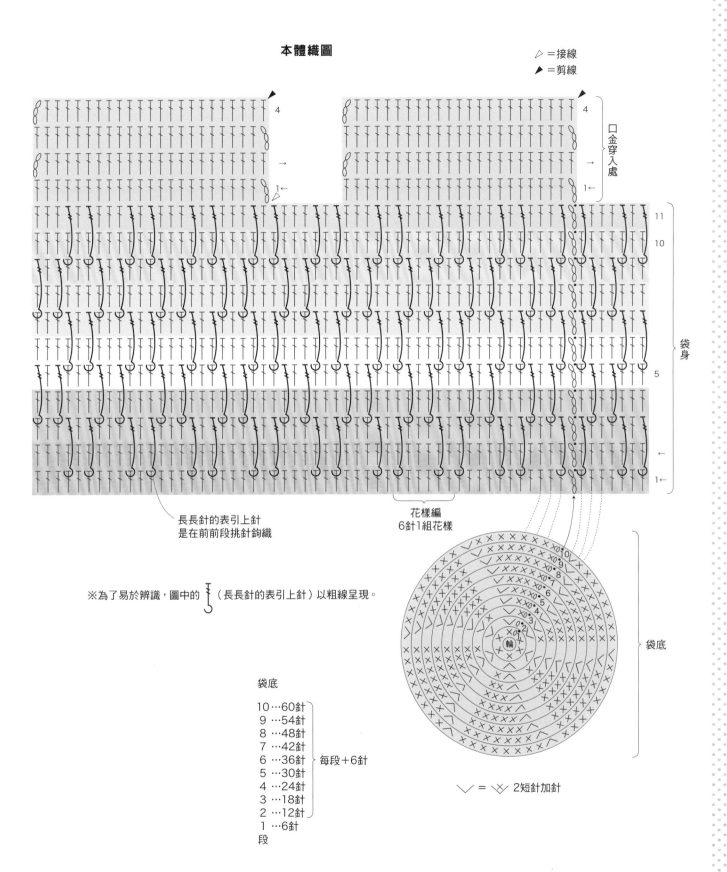

△=接線
▶=剪線

口金穿入處

袋身

4

→

1←

11

10

5

←

1←

長長針的表引上針
是在前前段挑針鉤織

花樣編
6針1組花樣

袋底

※為了易於辨識，圖中的 ⌇（長長針的表引上針）以粗線呈現。

袋底

10…60針
9…54針
8…48針
7…42針
6…36針
5…30針
4…24針
3…18針
2…12針
1…6針

每段＋6針

段

∨ = ⋎ 2短針加針

〔線材〕
中細棉線
原色　90g
（花樣織片第5段、袋口、提把用）
喜愛的顏色
共140g（花樣織片第1～4段用）
〔工具〕
鉤針　4/0號
〔完成尺寸〕
寬32.5cm　高30cm　側幅13cm

〔織法〕
1. 輪狀起針，鉤織46片花樣織片。
2. 依圖示並排織片，以半針目的捲針縫接合。
3. 沿拼接織片的外圍挑針，鉤織長針、短針、引拔針，製作袋口與提把。
4. 在提把內側鉤織短針、引拔針。

花樣織片織圖（46片）
4/0號鉤針

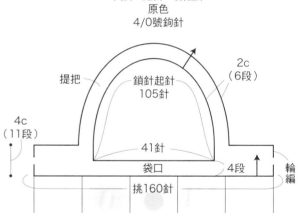

6.5c

※第3段配色換線，第5段以原色線鉤織。

花樣織片配置圖
※合印記號（★、☆、◆、◇、◎、●）分別進行半針目的捲針縫。

半針目的捲針縫（原色）

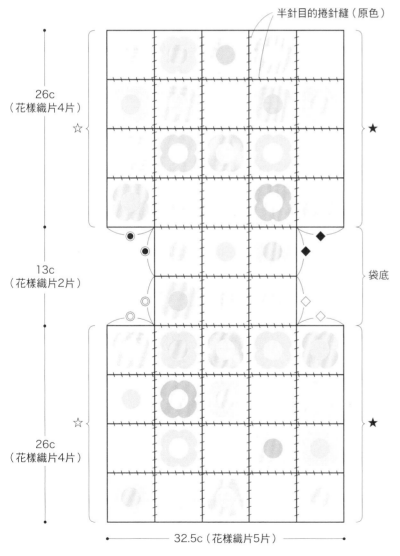

26c
（花樣織片4片）
☆

13c
（花樣織片2片）

26c
（花樣織片4片）
☆

★

★

袋底

32.5c（花樣織片5片）

袋口・提把
長針・短針・引拔針
原色
4/0號鉤針

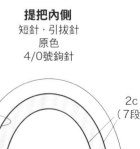

提把

鎖針起針
105針

2c
（6段）

4c
（11段）

41針

袋口

4段

輪編

挑160針

※參照織圖減針。

提把內側
短針・引拔針
原色
4/0號鉤針

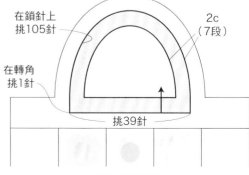

在鎖針上
挑105針

2c
（7段）

在轉角
挑1針

挑39針

※參照織圖減針。

織片的接合方法

※在虛線兩端的針目挑針,進行半針目的捲針縫。

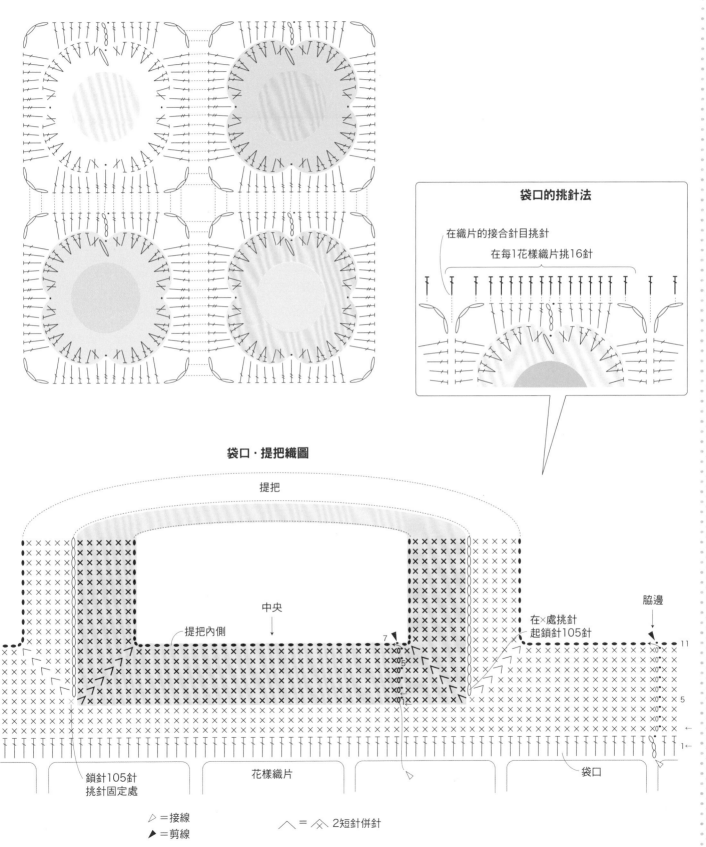

袋口的挑針法

在織片的接合針目挑針

在每1花樣織片挑16針

袋口・提把織圖

提把

中央

提把內側

在×處挑針
起鎖針105針

脇邊

鎖針105針
挑針固定處

花樣織片

袋口

▷ =接線

▶ =剪線

︿ = ⨅ 2短針併針

〔線材〕　　　　　　　〔完成尺寸〕
蕾絲線（相當於20號）　高17.5cm　寬9cm
22
灰藍　　9g　　　　　　〔織法〕
水藍　　7g　　　　　　I. 鎖針起針，以輪編鉤織花樣編的本體。
黃色　　6g　　　　　　2. 在本體起針段挑針鉤織短針，製作口金穿入處。
深藍　　4g　　　　　　3. 以捲針縫縫合本體最終段。
草綠　　4g　　　　　　4. 將裝飾布標縫於口金穿入處。
23　　　　　　　　　5. 口金穿入處對摺後捲針縫固定，穿入彈簧口金。
紅色　　8g
水藍　　7g
白色　　7g
藍色　　5g
綠色　　5g
24
黃色　　9g
粉紅　　8g
淺粉　　7g
水藍　　6g
淺紫　　4g
〔其他材料〕
彈簧口金（8cm）I個
裝飾布標 I片
〔工具〕
鉤針　2/0號
〔密度〕
花樣編
5組花樣＝9cm　20段＝10cm

配色	22	23	24
1段	黃色	紅色	粉紅
2段	黃色	白色	淺粉
3段	深藍	藍色	淺紫
4段	黃色	紅色	粉紅
5段	黃色	綠色	水藍
6段	灰藍	白色	淺粉
7段	灰藍	藍色	黃色
8段	灰藍	紅色	粉紅
9段	深藍	綠色	水藍
10段	灰藍	白色	淺粉
11段	灰藍	藍色	淺紫
12段	草綠	紅色	粉紅
13段	草綠	綠色	水藍
14段	草綠	白色	淺粉
15段	深藍	藍色	黃色
16段	草綠	紅色	粉紅
17段	草綠	綠色	水藍
18段	黃色	白色	淺粉
19段	黃色	藍色	淺紫
20段	黃色	紅色	粉紅
21段	深藍	綠色	水藍
22段	黃色	白色	淺粉
23段	黃色	藍色	黃色
24段	灰藍	紅色	粉紅
25段	灰藍	綠色	水藍
26段	灰藍	白色	淺粉
27段	深藍	藍色	淺紫
28段	灰藍	紅色	粉紅
29段	灰藍	綠色	水藍
30段	灰藍	白色	淺粉
31段	灰藍	紅色	粉紅
口金穿入處	水藍	水藍	黃色

※本體最終收針時
線頭預留約50cm。

本體
花樣編
2/0號鉤針
輪編

※參照配色表換線。

15.5c
（31段）

18c
（鎖針起針60針・
10組花樣）
進行輪編

挑30針

另一側同樣挑30針

往復編

4c
（16段）

口金穿入處
短針
20/號鉤針

縫製方法

①以預留線段進行捲針縫，
縫合本體最終段，
將裝飾布標縫於口金穿入處。

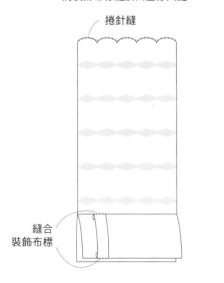

捲針縫

縫合
裝飾布標

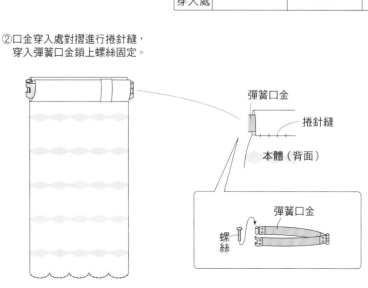

②口金穿入處對摺進行捲針縫，
穿入彈簧口金鎖上螺絲固定。

彈簧口金

捲針縫

本體（背面）

彈簧口金

螺絲

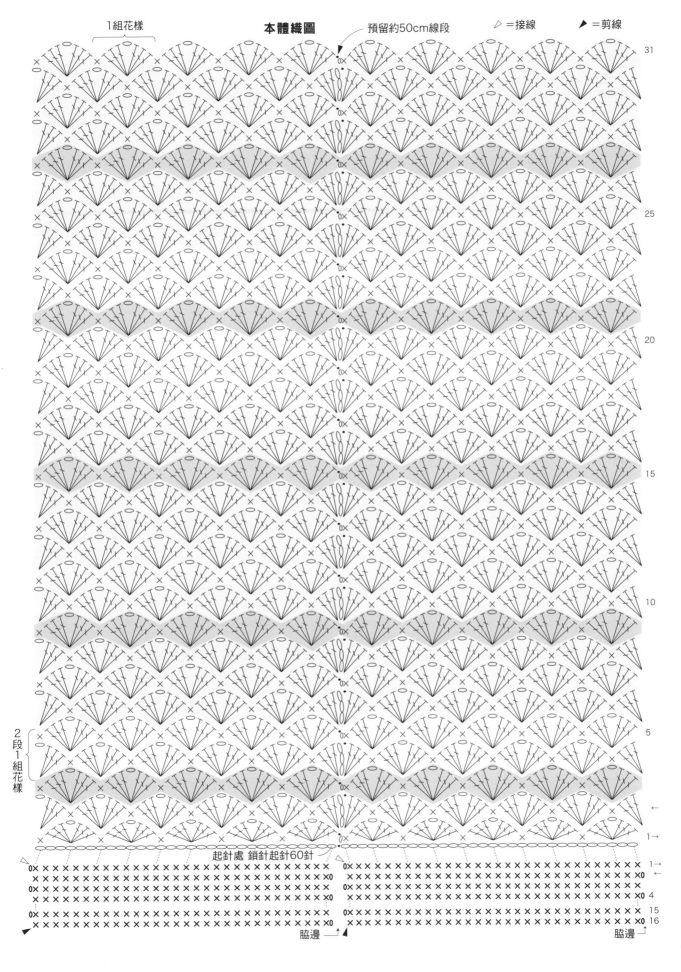

本體織圖

1組花樣

預留約50cm線段

▷＝接線　　▶＝剪線

起針處　鎖針起針60針

2段1組花樣

脇邊

脇邊

〔線材〕

22
合太毛線
白色　17g
墨黑　8g
碳灰　8g
灰×粉紅　8g
灰黃　8g
黑色　8g
灰色　8g
淺灰　8g
米白　8g
合太花式紗
灰×紫色　10g

26
合太毛線
喜愛的顏色　共60g
綠色　20g（緣編、提把用）
灰色　10g（袋底用）

〔工具〕
鉤針　7/0號
〔密度（10cm正方形）〕
花樣編　22針　23.5段
〔完成尺寸〕
寬22.5cm　高27cm
〔織法〕
1. 鎖針起針，以輪編鉤織短針的袋底。
2. 沿袋底挑針，以輪編鉤織花樣編的袋身。
3. 繼續沿著袋口進行輪編，鉤織緣編。
4. 鉤織提把，接縫於袋身。

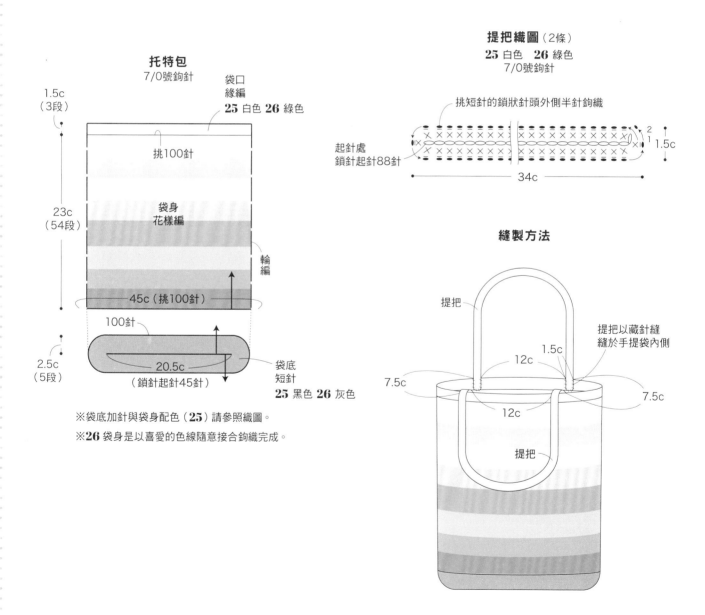

托特包
7/0號鉤針

袋口
緣編
25 白色　**26** 綠色

挑100針

1.5c
（3段）

23c
（54段）

袋身
花樣編

輪編

45c（挑100針）

100針

20.5c
（鎖針起針45針）

袋底
短針
25 黑色　**26** 灰色

2.5c
（5段）

※袋底加針與袋身配色（**25**）請參照織圖。

※**26** 袋身是以喜愛的色線隨意接合鉤織完成。

提把織圖（2條）
25 白色　**26** 綠色
7/0號鉤針

挑短針的鎖狀針頭外側半針鉤織

起針處
鎖針起針88針

34c

1.5c

縫製方法

提把

提把以藏針縫
縫於手提袋內側

1.5c

12c

7.5c

7.5c

12c

提把

托特包織圖

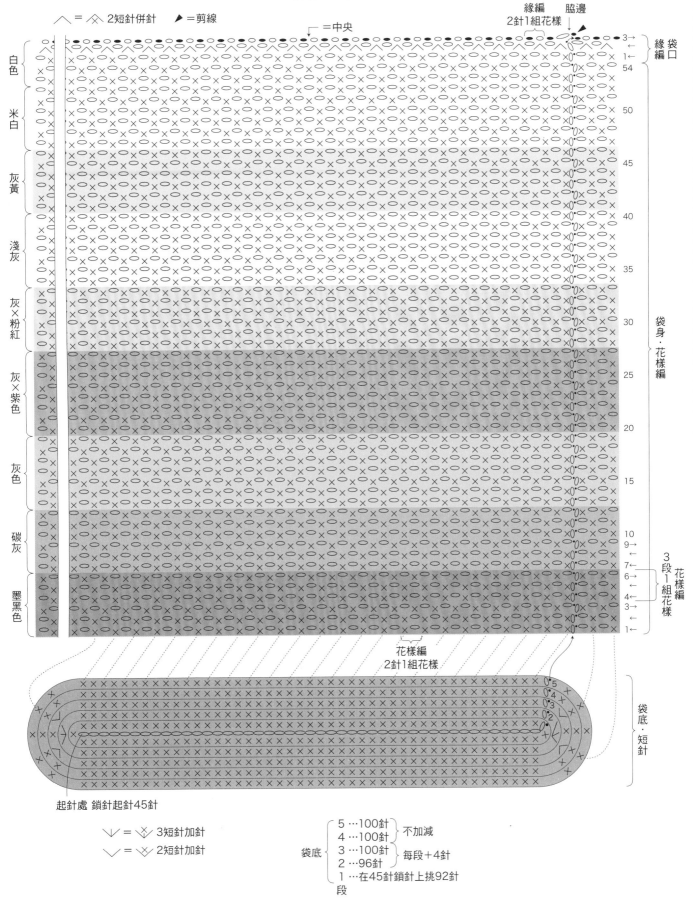

∧ = ⋀ 2短針併針　　▶ = 剪線

⌐ = 中央

緣編
2針1組花樣

脇邊

緣編　袋口

白色
米白
灰黃
淺灰
灰×粉紅
灰×紫色
灰色
碳灰
墨黑色

3段1組花樣

花樣編

袋身・花樣編

花樣編
2針1組花樣

袋底・短針

起針處 鎖針起針45針

∨ = 3短針加針
∨ = 2短針加針

袋底
┌ 5 …100針 ┐ 不加減
│ 4 …100針 ┘
│ 3 …100針 ┐ 每段+4針
│ 2 …96針 ┘
└ 1 …在45針鎖針上挑92針

段

53

〔線材〕
超極太 T恤紗
27
褐色　40g
橘色　30g
28
綠色　60g
灰杏　10g
29
粉紅　40g
灰色　30g

〔工具〕
鉤針　8/0號
〔密度（10cm正方形）〕
花樣編　13.5針　18段
〔完成尺寸〕
寬11cm　高17cm

〔織法〕
1. 鎖針起針，以輪編鉤織花樣編、短針製作本體。
2. 接續鉤織繩編，完成背帶，將繩端接縫於指定位置。
3. 鉤引拔針縫合袋底。
4. 輪狀起針鉤織鈕釦，縫於本體。

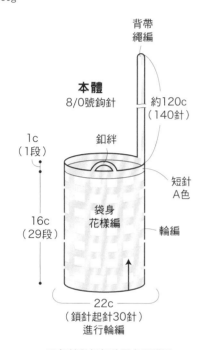

本體
8/0號鉤針

背帶
繩編

約120c
（140針）

釦絆

短針
A色

1c
（1段）

16c
（29段）

袋身
花樣編

輪編

22c
（鎖針起針30針）
進行輪編

※釦絆與鈕釦位置參照織圖。
※繩編配色參照右圖。
※花樣編配色參照織圖。

繩編織法

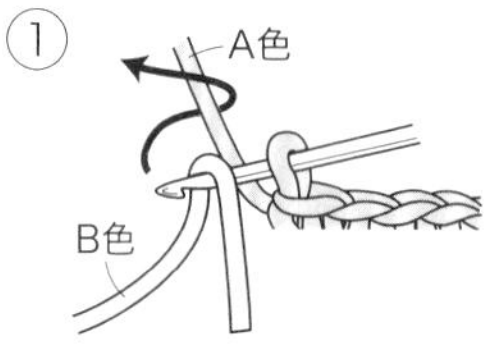

① 鉤針掛B色線。

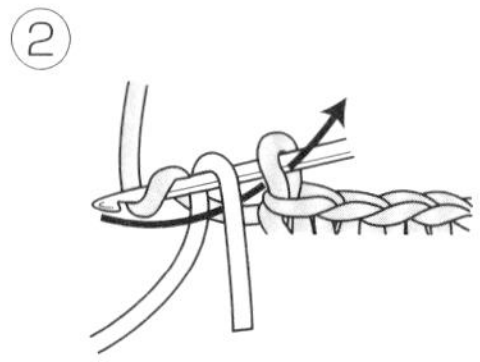

② 以A色線一次引拔鉤針上的線圈。

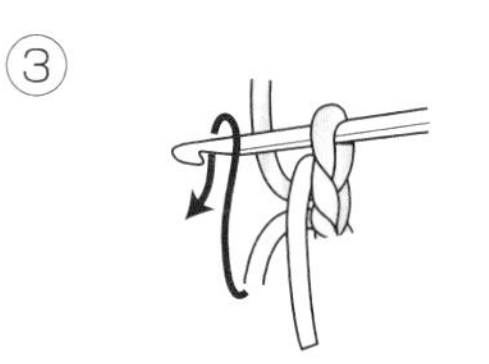

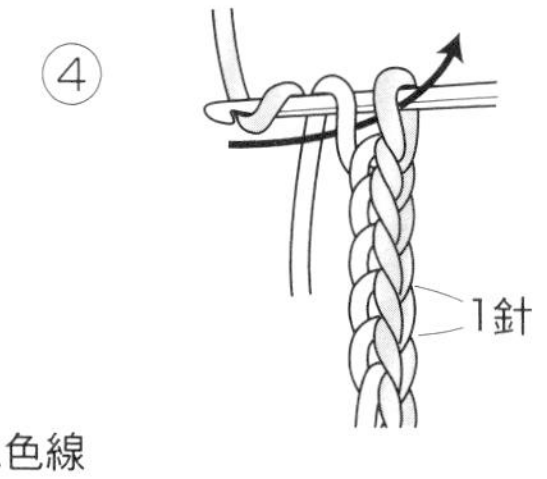

③④

鉤針掛B色線，接著以A色線一次引拔，重複此步驟。

1針

※**28**是先以A、B色線鉤織70針，剩餘70針則是在步驟①時改掛B色線鉤織。

配色

	27	28	29
A色	褐色	綠色	粉紅
B色	橘色	灰杏	灰色

※**28**花樣編皆以A色鉤織。

鈕釦織圖
B色
8/0號鉤針

2 …5針（不加減）
1 …5針
段

2
1
輪

最終段針目穿線後縮口束緊。

←2c→

縫製方法

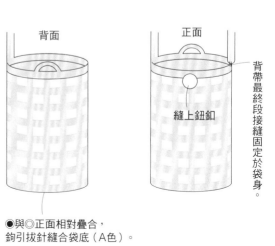

背面

正面

縫上鈕釦

背帶最終段接縫固定於袋身。

●與◎正面相對疊合，鉤引拔針縫合袋底（A色）。

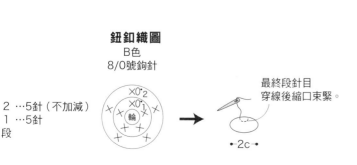

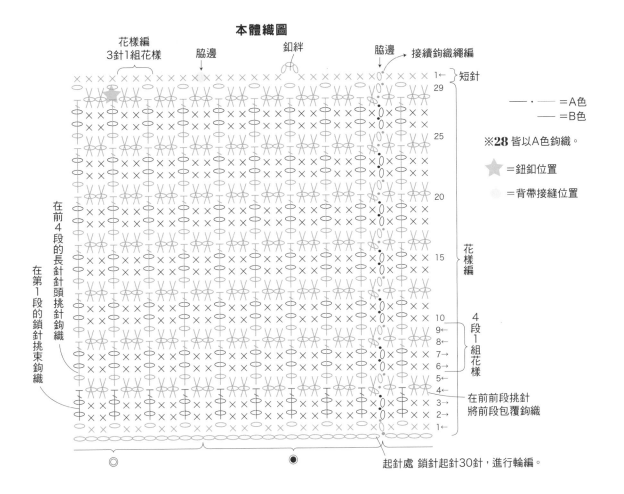

本體織圖

花樣編
3針1組花樣　脇邊　釦絆　脇邊　接續鉤織繩編

1←　短針

29

25

20

15　花樣編

10
9←
8→　4段1組花樣
7→
6→
5←
4←
3←　在前前段挑針
2←　將前段包覆鉤織
1←

起針處 鎖針起針30針，進行輪編。

在第1段的鎖針挑束鉤織

在前4段的長針針頭挑針鉤織

◎　●

—・—＝A色
——＝B色

※28 皆以A色鉤織。

★＝鈕釦位置

●＝背帶接縫位置

花樣編的織法

《第4段》

① 鉤針依圖示穿入，在第1段的鎖針挑束鉤織長針。

第2～3段
不包覆鉤織

② 完成長針的模樣。

《第5段》

③ 在第3段的短針針頭挑針，一邊鉤織短針一邊包覆第4段的鎖針。

※為了易於辨識，改以不同色線示範。

《第8段》

④ 鉤針依圖示穿入第4段的長針針頭，挑針鉤織1針長針。

5～7段
不包覆鉤織

⑤ 完成長針的模樣。

《第9段起》

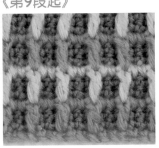

⑥ 第9段起同樣參照織圖，繼續鉤織。

55

〔線材〕
合太毛線

30	31	32
紫色 10g	白色 10g	粉紅 10g
白色 4g	綠色 4g	深藍 4g
黃色 2g	粉紅 2g	水藍 2g
橘色 2g	黃色 1g	白色 1g
	橘色 1g	黃色 1g
	紫色 1g	
	深粉 1g	
	水藍 1g	

〔工具〕
鉤針 3/0號
〔密度（10cm正方形）〕
長針・花樣編 29針 15段
〔完成尺寸〕
袋底直徑8cm 高約9cm

〔織法〕
1. 輪狀起針，以輪編鉤織長針、花樣編、短針完成束口袋。
2. 輪狀起針鉤織拉繩的織球。
3. 鉤織鎖針完成拉繩，穿入穿繩處。
4. 分別穿入2條束繩，繩端打結後放入織球中，預留線頭穿針，挑最終段針目縮口束緊。

束口袋
3/0號鉤針

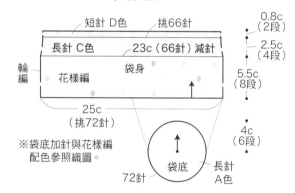

短針 D色　挑66針　0.8c（2段）
長針 C色　23c（66針）減針　2.5c（4段）
輪編　花樣編　袋身　5.5c（8段）
25c（挑72針）　4c（6段）
※袋底加針與花樣編配色參照織圖。
72針　袋底　長針 A色

配色

	30	31	32
A色	紫色	白色	粉紅
B色	黃色	參照織圖	白色
C色	白色	綠色	深藍
D色	橘色	粉紅	水藍

拉繩織圖
（2條）
黃色　3/0號鉤針

35c（鎖針125針）

縫製方法

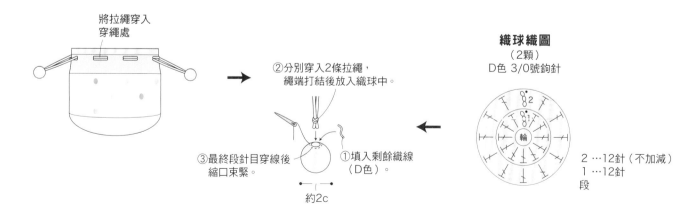

將拉繩穿入穿繩處

②分別穿入2條拉繩，繩端打結後放入織球中。
③最終段針目穿線後縮口束緊。
①填入剩餘織線（D色）。
約2c

織球織圖
（2顆）
D色 3/0號鉤針

2 …12針（不加減）
1 …12針
段

束口袋織圖

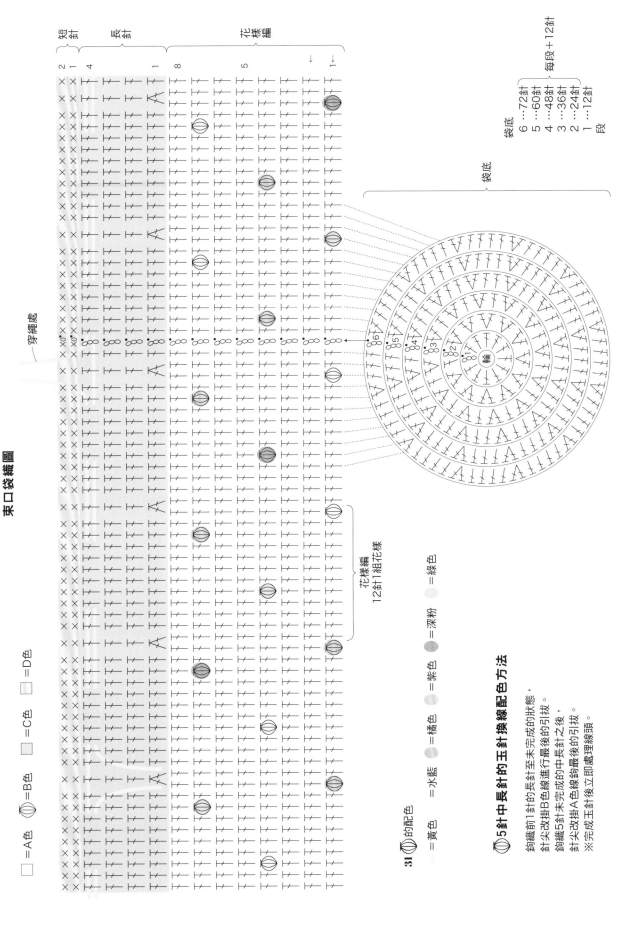

□ =A色　⊕ =B色　□ =C色　□ =D色

短針　長針　花樣編

穿繩處

花樣編
12針1組花樣

袋底

袋底
6 …72針
5 …60針
4 …48針
3 …36針
2 …24針
1 …12針
段　　每段＋12針

31 ⊕ 的配色
　 =黃色　 =水藍　 =橘色　 =紫色　 =深粉　 =綠色

⊕5針中長針的玉針換線配色方法

鉤織前1針的長針至未完成的狀態，
針尖改掛B色線進行最後的引拔。
鉤織5針未完成的中長針之後，
針尖改掛A色線做最後的引拔。
※完成玉針後立即處理線頭。

〔線材〕

合太毛線
杏色 16g
黃色系 10g
粉紅系 9g
褐色 6g
檸檬黃 6g
淺橘 6g
暗紅 4g
灰色系 3g

合太棉線
灰色 7g

合太棉竹節紗
白色 6g

中細毛海
水藍 7g

中細毛線
綠色 5g
淺紫 2g

合細毛線
紅色 3g

〔工具〕
鉤針 5/0號

〔密度〕
花樣編
21.5針＝10cm 37段＝20cm

〔完成尺寸〕
寬26cm 高27cm

〔織法〕

1. 鎖針起針，鉤織花樣編的袋身。
2. 在袋身挑針，鉤織袋口的短針。
3. 袋身依圖示以袋底為準對摺，脇邊對齊後鉤織緣編，接續製作肩背帶。

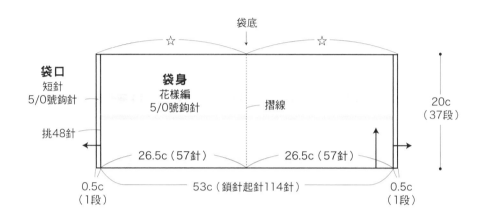

袋底

袋口
短針
5/0號鉤針

袋身
花樣編
5/0號鉤針

摺線

20c
（37段）

挑48針

26.5c（57針） 26.5c（57針）

0.5c
（1段）

53c（鎖針起針114針）

0.5c
（1段）

※配色參照織圖。

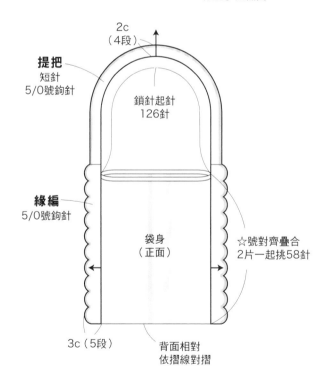

2c
（4段）

提把
短針
5/0號鉤針

鎖針起針
126針

緣編
5/0號鉤針

袋身
（正面）

☆號對齊疊合
2片一起挑58針

3c（5段）

背面相對
依摺線對摺

肩背托特包織圖

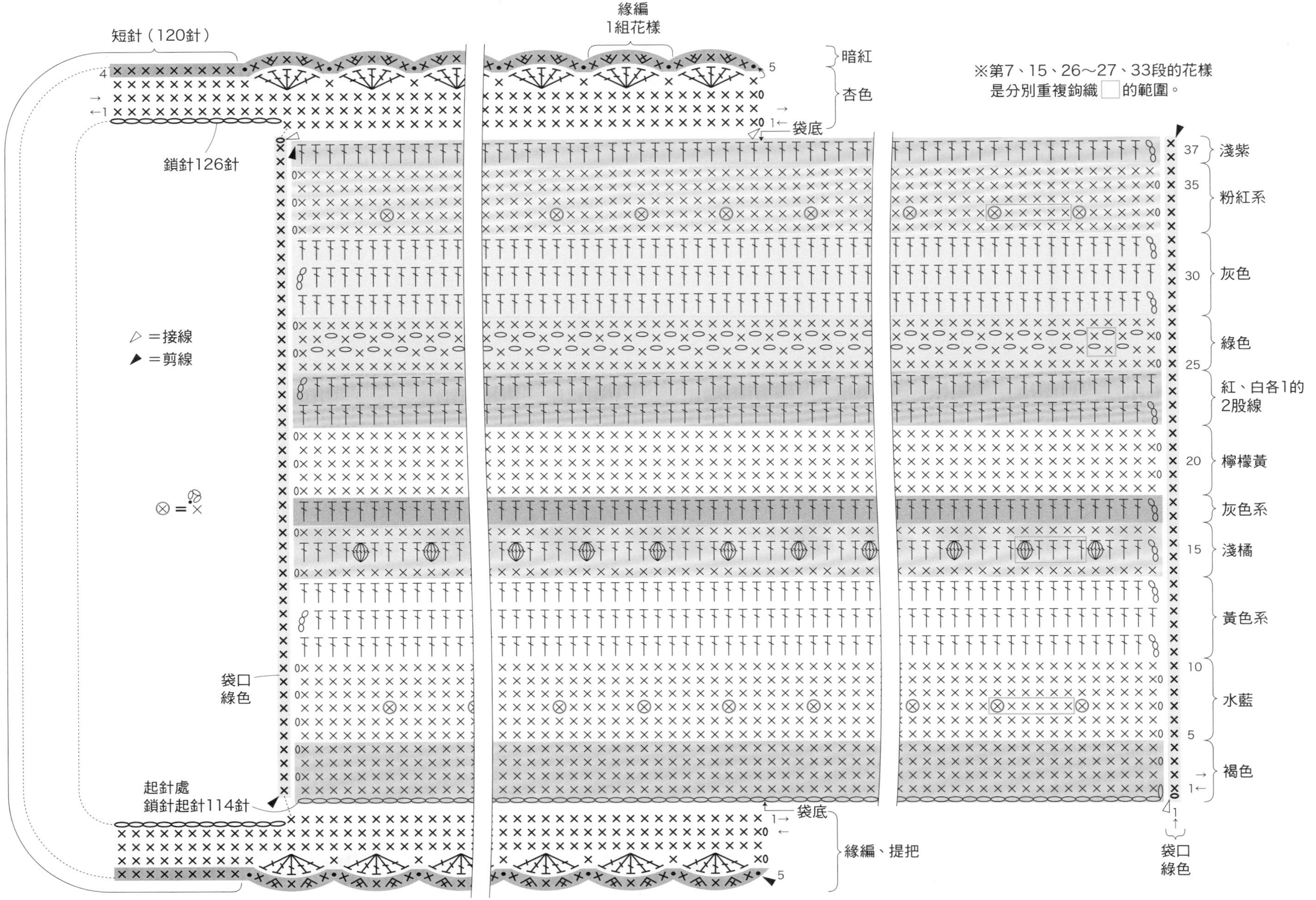

※第7、15、26～27、33段的花樣
是分別重複鈎織 ☐ 的範圍。

淺紫
粉紅系
灰色
綠色
紅、白各1的 2股線
檸檬黃
灰色系
淺橘
黃色系
水藍
褐色

37
35
30
25
20
15
10
5
1
袋口
綠色

暗紅
杏色

緣編
1組花樣

袋底

緣編・提把

短針（120針）

鎖針126針

袋口
綠色

△＝接線
▲＝剪線

⊗＝×

起針處
鎖針起針114針

袋底

〔線材〕
※單手織線量。

34
並太毛線
原色　16g
黃色　9g
中細毛線
淺紫　5g
褐色　3g
水藍　1g

35
並太毛線
黃×黑　23g
深藍×橘　13g
灰色　4g
淺橘　3g

36
中細毛線
水藍　6g
白色　6g
粉紅　4g

並太毛線
粉杏　4g
灰杏　4g

37
並太毛線
白×藍　20g
深紅×灰　18g
灰色　6g
薄荷綠　3g

〔工具〕
鉤針　8/0號

〔密度（10cm正方形）〕
短針　15針　16段

〔完成尺寸〕
掌圍20cm　長22.5cm

〔織法〕
1. 鎖針起針，以輪編鉤織短針完成連指手套，最終段針目穿線後縮口束緊。中途進行拇指孔的前置作業。
2. 在拇指位置挑針，以輪編鉤織短針完成拇指，最終段針目穿線後縮口束緊。

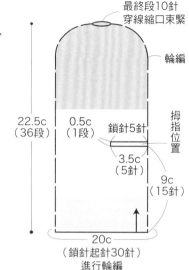

右手
短針
8/0號鉤針
最終段10針穿線縮口束緊
輪編
22.5c（36段）
0.5c（1段）
鎖針5針
3.5c（5針）
拇指位置
9c（15針）
20c（鎖針起針30針）進行輪編

拇指
短針
8/0號鉤針
最終段6針穿線縮口束緊
輪編
6c（10段）
在拇指位置挑針
8c（12針）

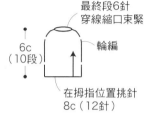

※左手除拇指位置外，作法皆與右手相同（參照織圖）。
※參照織圖減針。
※參照配色表換線。

拇指織圖

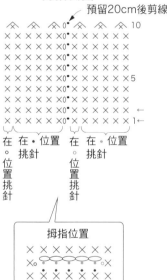

預留20cm後剪線
在・位置挑針
在。位置挑針
拇指位置

縫製方法

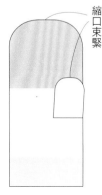

縮口束緊

▶＝剪線

右手織圖

□＝左手的拇指位置

預留20cm後剪線

拇指位置

起針處　鎖針起針30針，進行輪編。

34　配色

段	色
1～10段	黃色
11～15段	淺紫（2股線）
16～29段	原色
30～36段	褐色、水藍的2股線
拇指	原色

35　配色

段	色
1～10段	深藍×橘
11～15段	灰色
16～29段	黃×黑
30～36段	淺橘
拇指	黃×黑

36　配色

段	色
1～6段	粉杏
7～17段	水藍、白色的2股線
18～21段	粉紅（2股線）
22～36段	灰杏色
拇指	水藍、白色的2股線

37　配色

段	色
1～6段	灰色
7～17段	白×藍
18～21段	薄荷綠
22～36段	深紅×灰
拇指	白×藍

本體織圖

〔線材〕
超極太仿毛皮紗
藍×白 65g
超極太毛線
芥末黃 40g
並太毛線
綠色 40g
超極太圈圈紗
藍色系 35g
極太毛線
紫紅 20g
深藍 20g
灰色 15g
橘色 15g
合太毛線
藍色 15g ※2股線

〔工具〕
鉤針 8/0號
〔密度（10cm正方形）〕
花樣編A·長針
19針 9.5段
〔完成尺寸〕
一周118cm 寬24cm
〔織法〕
1. 鎖針起針，鉤織花樣編A·B
   與長針的本體。
2. 最終段與起針段以「鎖針與
   引拔綴縫」進行接合。

本體
8/0號鉤針

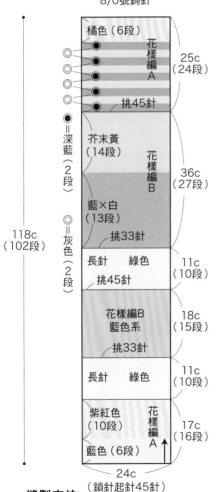

◉=深藍（2段）
◎=灰色（2段）

橘色（6段）
花樣編A
挑45針
25c（24段）

芥末黃（14段）
藍×白（13段）
挑33針
花樣編B
36c（27段）

長針 綠色
挑45針
11c（10段）

花樣編B
藍色系
挑33針
18c（15段）

長針 綠色
11c（10段）

紫紅色（10段）
花樣編A
藍色（6段）
17c（16段）

118c（102段）

24c（鎖針起針45針）

縫製方法

最終段與起針段
以鎖針與引拔綴縫進行接合

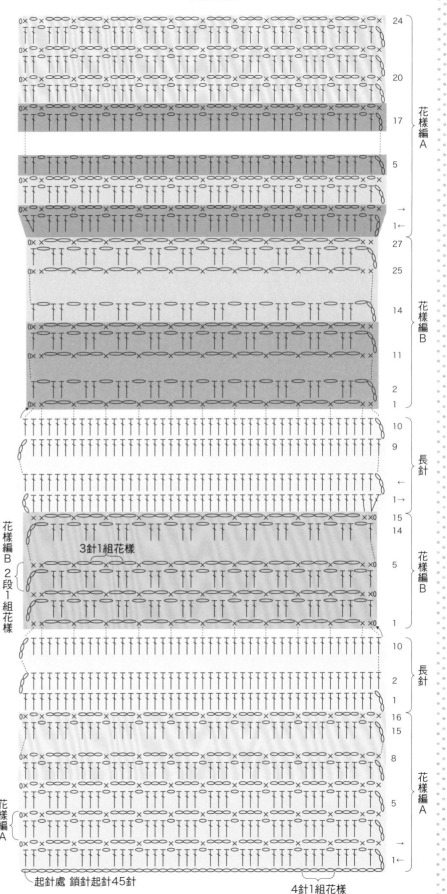

〔線材〕
※單手織線量。

合太毛線

38
紫色	15g
金黃	7g
白色	5g

39
碳灰	15g
粉紅	7g
水藍	5g

40
深藍	15g
藍色	7g
黃綠	5g

41
| 紅色 | 20g |
| 灰色 | 10g |

42
綠色	20g
黃色	5g
白色	5g

〔工具〕
鉤針　6/0號

〔密度（10cm正方形）〕
花樣編A　18針　18段
花樣編B　18針　15段
花樣編C　18針　15.5段

〔完成尺寸〕
掌圍20cm　長17cm

〔織法〕
1. 鎖針起針，以輪編鉤織花樣編A完成手腕部分。
2. 在腕部的起針段挑針，鉤織手掌部分，以輪編進行花樣編B與中長針完成38・39・40，以花樣編C與中長針完成41・42，中途預留拇指孔。
3. 38・39・40沿拇指孔挑針，以輪編鉤織緣編。

| 藍字＝38・39・40 |
| 紅字＝41・42 |
| 黑字＝通用 |

腕套（右手）
6/0號鉤針

2c（3段）
1.5c（2段）

10.5c（16段）
11c（17段）

4.5c（8段）

B色　A色
中長針　挑36針
花樣編B
花樣編C
鎖針6針
鎖針8針
拇指孔
5針 / 3針
6c（9段）（10段）
20c（挑36針）
輪編　手掌部分

18c（鎖針起針32針）進行輪編
手腕　輪編
花樣編A　A色

※花樣編B、C配色參照織圖。
※左手除拇指位置外，作法皆與右手相同（參照織圖）。

配色

	38	39	40	41	42
A色	紫色	碳灰	深藍	紅色	綠色
B色	金黃	粉紅	藍色	灰色	黃色
C色	白色	水藍	黃綠	灰色	白色

38・39・40 拇指孔的緣編

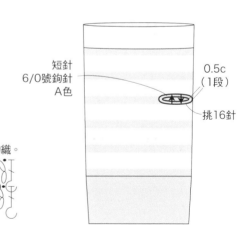

短針
6/0號鉤針
A色

0.5c（1段）
挑16針

拇指孔緣編織圖

手腕織圖

※為了易於辨識，⌇（表引上針）以粗線表示，
⌇（裡引上針）以細線呈現。

最初的表引上針，是挑前段立起針的鎖針與表引上針，2針一起鉤織。

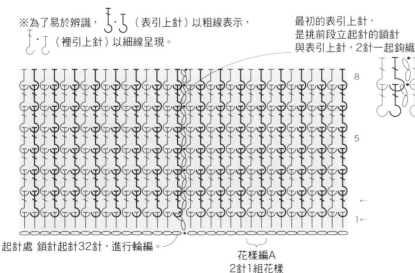

起針處 鎖針起針32針，進行輪編。

花樣編A
2針1組花樣

38・39・40 腕套（右手）織圖

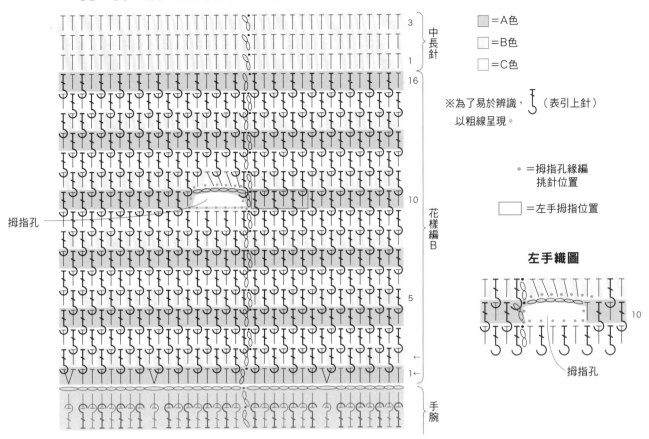

拇指孔

中長針

花樣編B

手腕

■ =A色
□ =B色
□ =C色

※為了易於辨識， ⌡（表引上針）以粗線呈現。

● =拇指孔緣編挑針位置

□ =左手拇指位置

左手織圖

拇指孔

10

41・42 腕套（右手）織圖

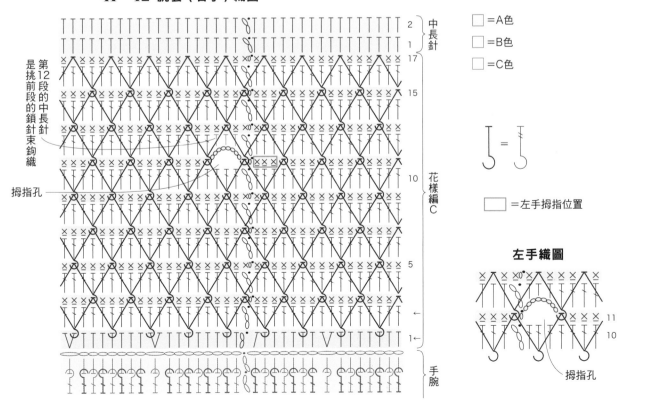

第12段的中長針是挑前段的鎖針束鈎織

拇指孔

中長針

花樣編C

手腕

□ =A色
□ =B色
□ =C色

⌡ = ⌡

□ =左手拇指位置

左手織圖

拇指孔

11
10

〔線材〕
極太毛線

44
杏色　50g
深粉　30g
褐色　20g
粉橘　20g

45
湖水藍　50g
淺橘　30g
白色　20g
薄荷綠　20g

46
淺紫　50g
黃綠　30g
灰色　20g
水藍　20g

〔工具〕
鉤針　7/0號、7.5/0號

〔密度（10cm正方形）〕
短針、花樣編　16針　17段

〔完成尺寸〕
尺寸約24cm

〔織法〕
1. 輪狀起針，以輪編鉤織短針與花樣編的本體。
2. 合印記號（△與▲、◎與◉）對齊後進行捲針縫。
3. 在本體挑針鉤織緣編。

本體
※除指定之外皆使用7/0號鉤針。

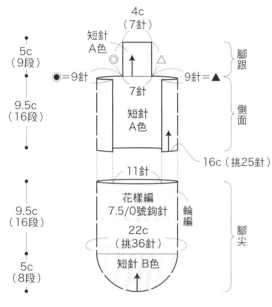

※加減針、花樣編配色參照織圖。

配色

	44	**45**	**46**
A色	杏色	湖水藍	淺紫
B色	深粉	淺橘	黃綠
C色	褐色	白色	灰色
D色	粉橘	薄荷綠	水藍

緣編織圖
第1段A色、第2段D色
7/0號鉤針

※第2段是在織片背面挑針，
以D色線鉤織引拔針。

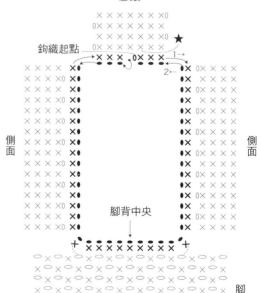

縫製方法
※配色參照織圖。

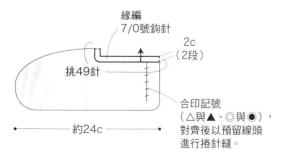

本體織圖

※側面、腳跟的編織終點
預留約30cm線段。

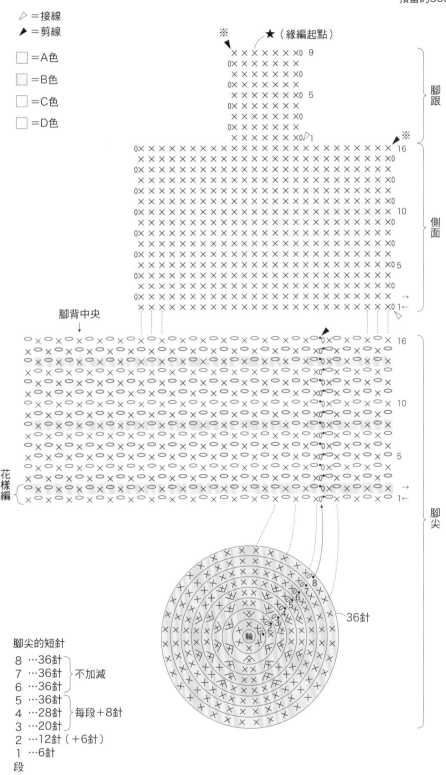

▷＝接線
▶＝剪線

□＝A色
■＝B色
□＝C色
□＝D色

※　　★（緣編起點）

腳跟

側面

腳背中央

腳尖

花樣編
2段1組花樣

腳尖的短針

8 …36針
7 …36針 ┐不加減
6 …36針 ┘
5 …36針
4 …28針 ┐每段＋8針
3 …20針 ┘
2 …12針（＋6針）
1 …6針
段

36針

〔線材〕
並太毛線
黃色　85g
薄荷綠　75g
紅色　65g
合太毛線
白色　140g
粉紅　60g
藍色　55g
灰色　45g
黃綠　35g
深藍　35g
淺粉　35g

〔工具〕
鉤針　5/0號
〔密度（10cm正方形）〕
花樣編　19針　10段

〔完成尺寸〕
長120cm　寬70cm
〔織法〕
1. 鎖針起針，鉤織花樣編的本體。
2. 鉤織緣編。

配色

	模式A	模式B
1段	紅色	粉紅
2段	紅色	粉紅
3段	白色	白色
4段	黃綠	藍色
5段	黃綠	藍色
6段	黃綠	藍色
7段	深藍	灰色
8段	深藍	灰色
9段	薄荷綠	黃綠
10段	白色	白色
11段	灰色	深藍
12段	白色	白色
13段	灰色	深藍
14段	粉紅	紅色
15段	粉紅	紅色
16段	粉紅	紅色
17段	粉紅	紅色
18段	白色	白色
19段	白色	白色
20段	黃色	淺粉
21段	藍色	黃色
22段	藍色（爆米花針為淺粉）	黃色（爆米花針為藍色）
23段	藍色	黃色
24段	白色	白色
25段	紅色	粉紅
26段	黃色	淺粉
27段	黃色	淺粉
28段	黃色	淺粉
29段	黃色	淺粉
30段	薄荷綠	薄荷綠
31段	薄荷綠	薄荷綠
32段	薄荷綠	薄荷綠
33段	薄荷綠	薄荷綠
34段	白色	白色
35段	深藍	灰色
36段	深藍	灰色

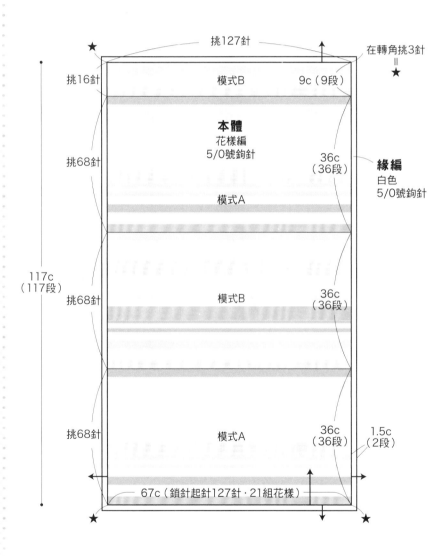

挑127針
★
在轉角挑3針
＝
★
挑16針
模式B
9c（9段）
本體
花樣編
5/0號鉤針
36c
（36段）
緣編
白色
5/0號鉤針
挑68針
模式A
挑68針
模式B
36c
（36段）
117c
（117段）
挑68針
模式A
36c
（36段）
1.5c
（2段）
★
67c（鎖針起針127針·21組花樣）
★
★

※配色為重複模式A、B。

※為了易於辨識，使用不同色線示範。

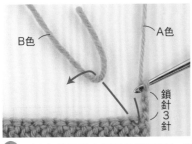

① 以A色線鉤織立起針的鎖針3針，鉤針依圖示穿入針目，鉤出B色線。

② 鉤出B色線的模樣。以B色鉤織鎖針3針、長針4針。

③ 以B色鉤織鎖針3針、長針4針的模樣。

④ 鉤針暫時抽離掛著的B色線圈，穿入鎖針第3針。再依圖示穿回原本的線圈。

⑤ 依圖示鉤出掛在針尖的線圈。

⑥ 鉤針改掛下一針的A色線，依圖示引拔。

⑦ 完成3鎖針4長針的爆米花針。

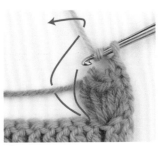

⑧ 鉤針掛A色線，依圖示挑下一針，以包覆B色線的方式鉤織長針。

⑨ 同步驟⑧，以A色線一邊包覆B色線，一邊挑針鉤織下一針長針。

⑩ 完成2針長針的模樣。

⑪ 下一個針目以B色線挑針，同步驟②～⑦鉤織爆米花針。

⑫ 重複以A色線鉤織長針2針，以B色線鉤織爆米花針1針。

⑬ 完成一段爆米花針的模樣。

織片正面的模樣

織片背面的模樣

本體織圖

= 3鎖針+4長針的爆米花針

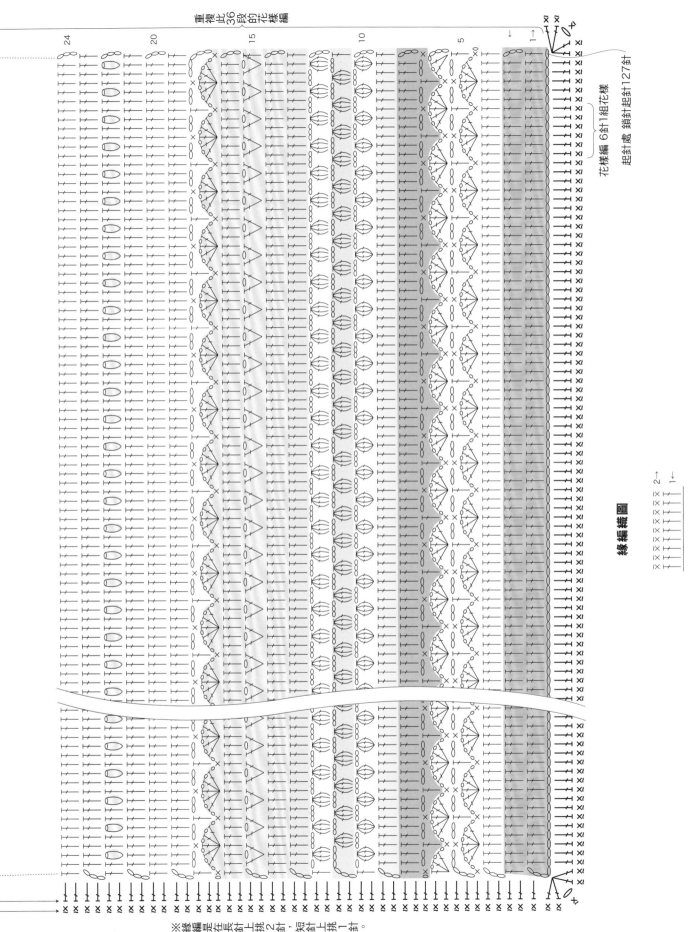

重複此段的花樣編

24

20

15

10

5

↓

1→

花樣編 6針1組花樣

起針處 鎖針起針127針

緣編編織圖

2→

1←

※緣編是在長針上挑2針、短針上挑1針。

〔線材〕

合太毛線

原色 45g（緣編、綴縫、併縫用）
原色 45g（花樣織片用）
紅色 15g
黃綠 14g
灰色 14g
芥末黃 13g
灰藍 13g
淺粉 12g
綠色 11g
駝色 11g
粉紅 11g
深紅 11g
褐色 9g
藍色 9g
深藍 9g
草綠 9g
青綠 8g
黃色 8g

〔其他材料〕

鈕釦（1.5cm）5顆
抱枕芯（40cm×40cm）1個

〔工具〕

鉤針 6/0號

〔密度〕

短針（10cm正方形） 20針 23段
花樣編A、B（10cm正方形） 20針 13.5段
織入花樣A 20針＝10cm 27段＝12.5cm
織入花樣B 20針＝10cm 26段＝12.5cm
織入花樣C（10cm正方形） 20針 20段

〔完成尺寸〕

長40.5cm 寬40.5cm

〔織法〕

1. 鎖針起針，鉤織花樣織片A、B、C、D、E、F共18片。
2. 分別並排前、後片的花樣織片，以捲針縫接合。
3. 分別在前、後片四周挑針鉤織緣編，並且在前片鉤織釦絆。
4. 前、後片背面相對疊合，由止縫點捲針縫接合至止縫點。
5. 縫上鈕釦。

織片A（5片）
短針
6/0號鉤針

12.5c
（29段）

12.5c
（鎖針起針25針）

織片B（4片）
花樣編A
6/0號鉤針

12.5c
（17段）

12.5c
（鎖針起針25針）

織片C（3片）
花樣編B
6/0號鉤針

12.5c
（17段）

12.5c
（鎖針起針25針）

織片D（2片）
織入花樣A
6/0號鉤針

12.5c
（27段）

12.5c
（鎖針起針25針）

織片E（2片）
織入花樣B
6/0號鉤針

12.5c
（26段）

12.5c
（鎖針起針25針）

織片F（2片）
織入花樣C
6/0號鉤針

12.5c
（25段）

12.5c
（鎖針起針25針）

※織入花樣A、B、C是以包覆織線方法鉤織。

※配色請參照前片‧後片花樣織片的配置圖＆織圖。

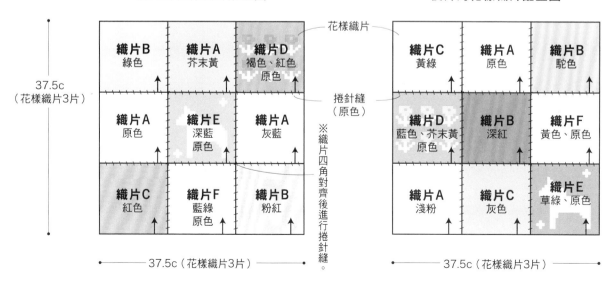

前片的花樣織片配置圖

37.5c
（花樣織片3片）

織片B 綠色	織片A 芥末黃	織片D 褐色、紅色 原色
織片A 原色	織片E 深藍 原色	織片A 灰藍
織片C 紅色	織片F 藍綠 原色	織片B 粉紅

花樣織片

捲針縫（原色）

※織片四角對齊後進行捲針縫。

37.5c（花樣織片3片）

後片的花樣織片配置圖

織片C 黃綠	織片A 原色	織片B 駝色
織片D 藍色、芥末黃 原色	織片B 深紅	織片F 黃色、原色
織片A 淺粉	織片C 灰色	織片E 草綠、原色

37.5c（花樣織片3片）

織片A織圖

緣編第1段
緣編是在6段裡挑5針
29
24
14
10
5
→1←
起針處 鎖針起針25針

織片B織圖

緣編第1段
緣編是在2段裡挑3針
17
15
10
5
1→
←
起針處 鎖針起針25針 花樣編A 2段1組花樣
在起針的鎖針上挑針

織片C織圖

緣編第1段
=4長針的爆米花針
17
15
10
5
1←
→

起針處 鎖針起針25針

織片D織圖

■=褐色（前片）藍色（後片）　■=紅色（前片）芥末黃（後片）　□=原色（前片、後片）

緣編第1段
起針處 鎖針起針25針
27
25
20
15
10
5
→
1←

織片E織圖

■=深藍（前片）草綠（後片）　□=原色（前片、後片）

緣編第1段
起針處 鎖針起針25針
26
20
15
10
5
→
1←

織片F織圖

□=藍綠（前片）黃色（後片）　□=原色（前、後片）

緣編第1段
起針處 鎖針起針25針
25
20
15
10
5
1←

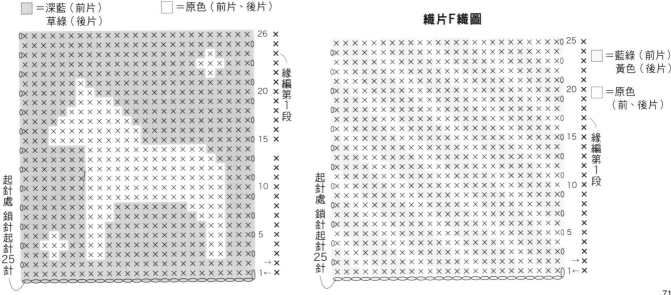

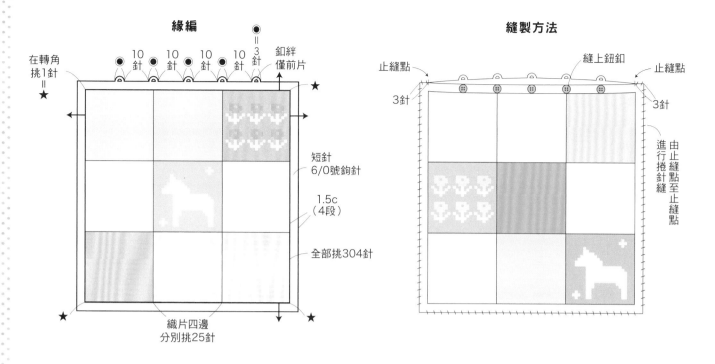

緣編

縫製方法

緣編織圖

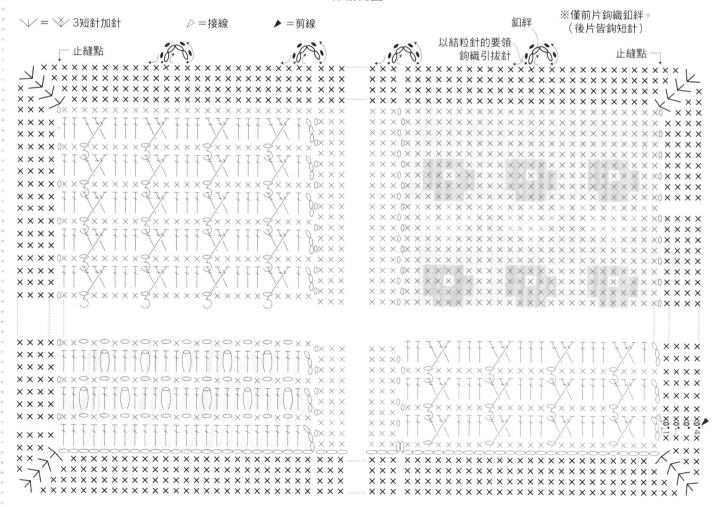

P.26　49・50・51

〔線材〕

49

超極太毛線
白色　30g（提把用）
喜愛的顏色　共240g

50

並太毛線
白色　5g（提把用）
喜愛的顏色　共30g

51

中細毛線
白色　3g（提把用）
喜愛的顏色　共15g

〔工具〕

49 鉤針　8mm
50 鉤針　6/0號
51 鉤針　3/0號

〔密度（10cm正方形）〕

49 短針　8針　8.5段
50 短針　21針　22段
51 短針　30針　31.5段

〔完成尺寸〕

49 底部直徑26cm　深15.5cm
50 底部直徑10cm　深6cm
51 底部直徑7cm　深4.5cm

〔織法〕

1. 輪狀起針，以輪編鉤織短針的底部與側面。
2. 繼續沿著開口以輪編鉤織短針，完成提把。

置物籃

49 8mm鉤針
50 6/0號鉤針
51 3/0號鉤針

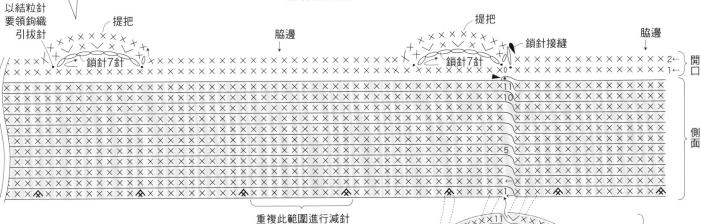

※底部、側面是隨意接合喜愛顏色的織線來鉤織。

※參照織圖加針。

藍字＝**49**	紅字＝**50**
綠字＝**51**	黑字＝通用

以結粒針要領鉤織引拔針

提把　鎖針7針

置物籃織圖

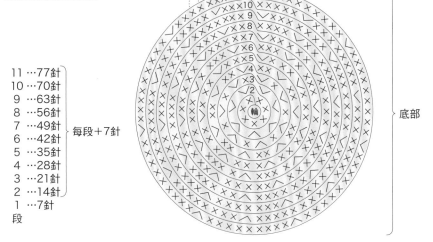

∨＝ ∨ 2短針加針

◠＝接線

◤＝剪線

重複此範圍進行減針

11 …77針
10 …70針
9 …63針
8 …56針
7 …49針
6 …42針
5 …35針
4 …28針
3 …21針
2 …14針
1 …7針
段

每段＋7針

〔線材〕
52
並太毛線
　深粉　16g
　綠色　14g
　淺粉　12g
合太毛線
　紫色　18g
　淺紫　14g
53
並太毛線
　淺粉　15g
　白色　10g
　深藍　7g
合太毛線
　淺灰　18g
　芥末黃　11g

〔工具〕
　鉤針　7/0號
〔密度〕
　花樣編
　　4組花樣＝11cm　8段＝10cm

〔完成尺寸〕
　寬13cm　長25.5cm　高5cm
〔織法〕
　鎖針起針，以輪編鉤織短針、花樣編完成本體。

本體
7/0號鉤針

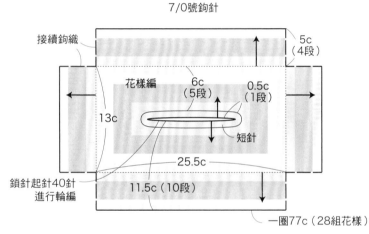

接續鉤織

5c
（4段）

花樣編　6c
（5段）

0.5c
（1段）

13c

短針

鎖針起針40針
進行輪編

25.5c

11.5c（10段）

一圈77c（28組花樣）

※參照配色表換線。
※參照織圖加針。

完成圖

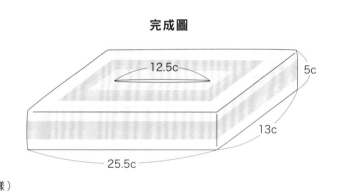

12.5c

5c

13c

25.5c

配色

	52	53
1段	淺紫（2股線）	白色
2段	淺紫（2股線）	白色
3段	深粉	淺粉
4段	紫色（2股線）	淺灰（2股線）
5段	綠色	芥末黃（2股線）
6段	粉紅	淺粉
7段	淺紫（2股線）	深藍
8段	紫色（2股線）	淺灰（2股線）
9段	深粉	白色
10段	粉紅	粉紅

本體織圖

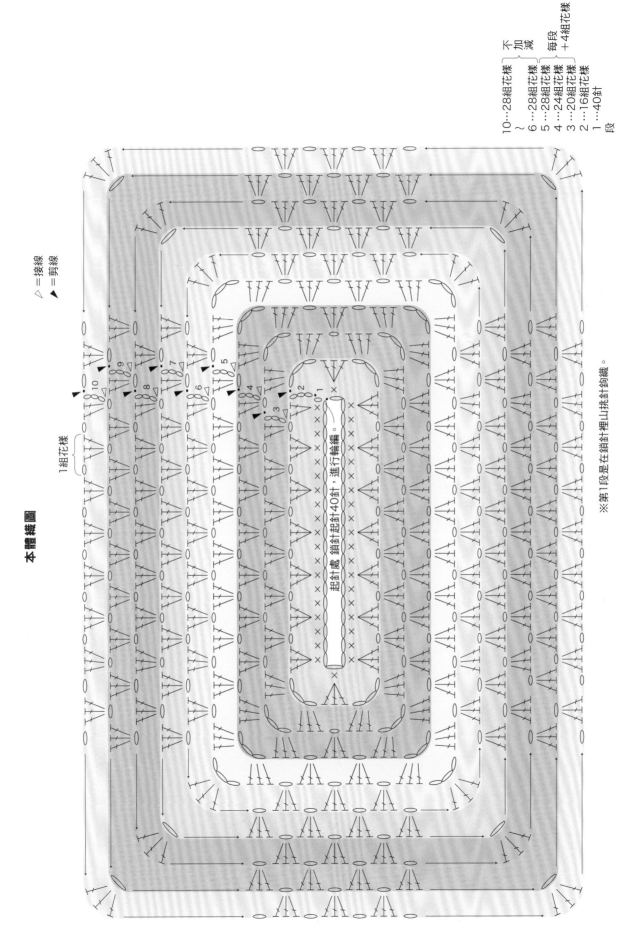

△＝接線
▲＝剪線

1組花樣

起針處 鎖針↑起針↓40針，進行輪編。

※第1段是在鎖針裡山挑金針鉤織。

10…28組花樣 } 不加減
～
6…28組花樣
5…28組花樣 } 每段
4…24組花樣 ＋4組花樣
3…20組花樣
2…16組花樣
1…40針
段

〔線材〕
中細棉線

54		**55**	
綠色	18g	黑色	18g
橘色	12g	白色	12g
原色	12g	黃色	12g
芥末黃	10g	杏色	10g

〔其他材料〕
寬1.5cm羅紋緞帶 17cm

〔工具〕
鉤針　4/0號

〔密度（10cm正方形）〕
短針　28針　30.5段

〔完成尺寸〕
寬15cm　長30.5cm（攤平狀態）

〔織法〕
1. 鎖針起針，進行織入花樣（縱向渡線並包覆織線鉤織）完成本體。
2. 起針側背面相對摺疊，以毛邊縫固定。
3. 輪狀起針，以輪編鉤織織球並製作三股編，完成書籤。
4. 將書籤固定於本體。
5. 將羅紋緞帶縫於本體。

2.5c（8段）

32.5c（99段）

9c（26針）

本體
織入花樣
4/0號鉤針

15c（鎖針起針42針）

35c（107段）

※配色與減針請參照織圖。

書籤作法
①鉤織織球。

織球織圖（1顆）
54 B色　**55** C色
4/0號鉤針

預留約20cm線段

3	…	6針（−3針）
2	…	9針（+3針）
1	…	6針
		段

填入線頭

約1.5c

最終段針目穿線縮口束緊

本體織圖

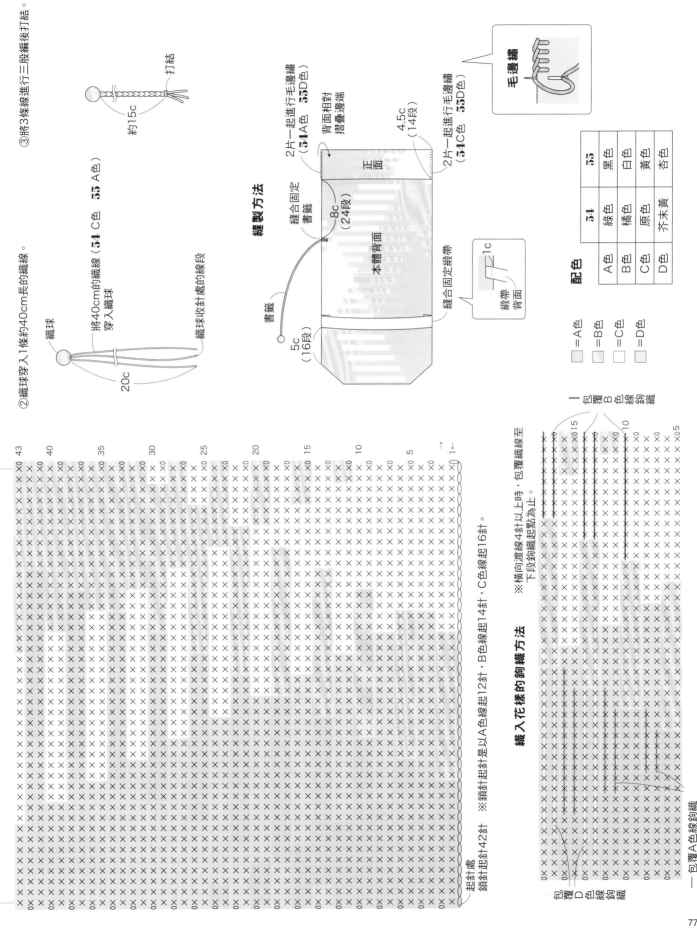

③將3條線進行三股編後打結。

打結

約15c

②織球穿入1條約40cm長的線線。

將40cm的織線（**54** C色 **55** A色）穿入織球

織球

織球收針處的線段

20c

縫製方法

2片一起進行毛邊繡（**54** A色 **55** D色）

背面相對摺疊邊端

正面

4.5c（14段）

2片一起進行毛邊繡（**54** C色 **55** D色）

毛邊繡

縫合固定書籤

8c（24段）

本體背面

書籤

5c（16段）

縫合固定緞帶

1c

緞帶背面

配色

	54	**55**
A色	綠色	黑色
B色	橘色	白色
C色	原色	黃色
D色	芥末黃	杏色

＝A色
＝B色
＝C色
＝D色

43
40
35
30
25
20
15
10
5
→1←

x0
x0
x0
x0
x0
x0
x0
x0
x0
→1←

起針處
鎖針起針42針　※鎖針起針的起針是以A色線起12針，B色線起14針，C色線起16針。

織入花樣的鉤織方法

※橫向渡線4針以上時，包覆織線至下段鉤織起點為止。

包覆B色線鉤織

x015
x0
x0
10
x0
x0
x0.5

─ 包覆A色線鉤織

包覆D色線鉤織

0x
0x
0x
0x
0x
0x
0x
0x
0x

〔線材〕

合太棉線

56
冰藍　20g
粉紅　10g
淺黃綠　10g
珊瑚粉　10g

57
淺紫　20g
水藍　10g
粉紅　10g
乳白　10g

58
綠色　20g
橘色　10g
灰色　10g
淺橘　10g

〔工具〕
鉤針　5/0號

〔密度〕
花樣編
1組花樣＝3cm　16段＝10cm

〔完成尺寸〕
袋底直徑約6.5cm　高約16cm

〔織法〕
1. 輪狀起針，以輪編鉤織短針的袋底。
2. 繼續在袋底挑針，以輪編鉤織花樣編、緣編的袋身。
3. 接續鉤織短針完成提帶。
4. 提帶以捲針縫接縫固定於袋身。

配色

		56	57	58
袋底		冰藍	淺紫	綠色
袋身	1段	淺黃綠	粉紅	灰色
	2段	粉紅	水藍	綠色
	3段	珊瑚粉	乳白	淺橘
	4段	淺黃綠	粉紅	橘色
	5段	冰藍	淺紫	綠色
	6段	珊瑚粉	乳白	灰色
	7段	粉紅	水藍	橘色
	8段	冰藍	淺紫	淺橘
	9段	淺黃綠	粉紅	灰色
	10段	粉紅	水藍	綠色
	11段	珊瑚粉	乳白	淺橘
	12段	淺黃綠	粉紅	橘色
	13段	冰藍	淺紫	綠色
	14段	珊瑚粉	乳白	灰色
	15段	粉紅	水藍	橘色
	16段	冰藍	淺紫	淺橘
	17段	淺黃綠	粉紅	灰色
	18段	粉紅	水藍	綠色
	19段	珊瑚粉	乳白	淺橘
	20段	淺黃綠	粉紅	橘色
緣編・提把		冰藍	淺紫	綠色

本體
5/0號鉤針

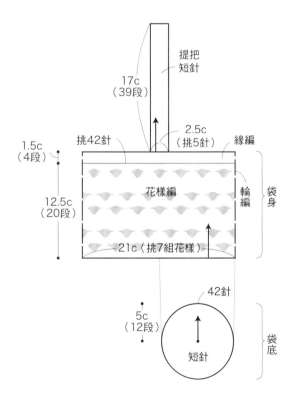

提把
短針

17c
（39段）

1.5c
（4段）

挑42針

2.5c
（挑5針）

緣編

12.5c
（20段）

花樣編

輪編

袋身

21c（挑7組花樣）

42針

5c
（12段）

短針

袋底

※袋底加針參照織圖。

※參照配色表換線。

縫製方法

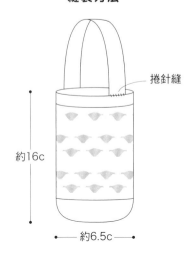

捲針縫

約16c

約6.5c

本體織圖

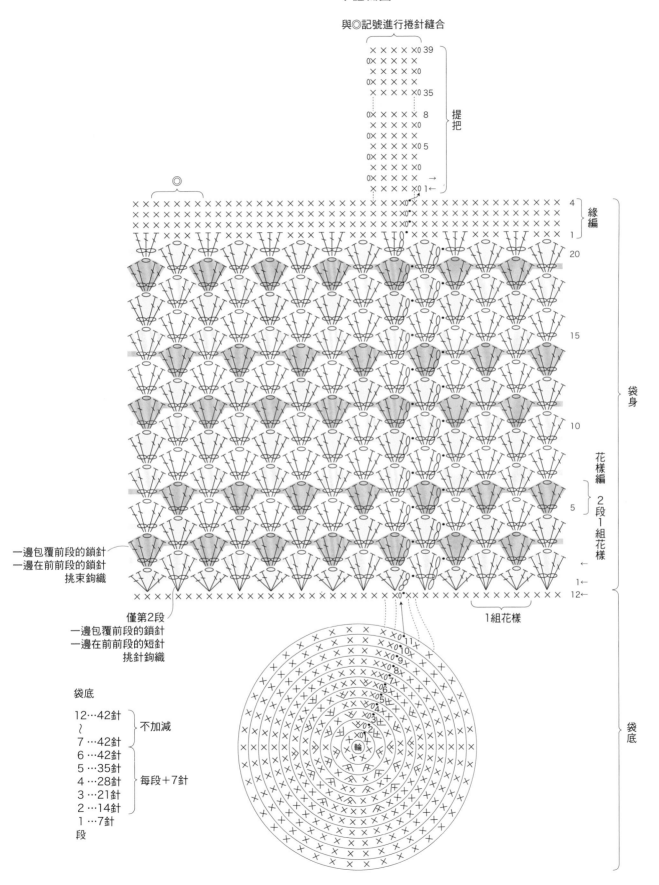

與◎記號進行捲針縫合

提把

緣編

20

15

10

花樣編
2段1組花樣

5

一邊包覆前段的鎖針
一邊在前前段的鎖針
挑束鉤織

袋身

僅第2段
一邊包覆前段的鎖針
一邊在前前段的短針
挑針鉤織

1組花樣

袋底

12…42針
～
7 …42針   不加減
6 …42針
5 …35針
4 …28針   每段＋7針
3 …21針
2 …14針
1 …7針
段

輪

袋底

〔線材〕
合太棉線
59
冰藍　8g
粉紅　7g
黃色　5g
60
綠色　8g
淺黃　7g
橘色　5g
61
深粉　8g
水藍　7g
淺粉　5g

〔工具〕
鉤針　4/0號
〔密度（10cm正方形）〕
短針・花樣編　28.5針　30段
〔完成尺寸〕
盒底直徑6cm　高5.5cm

〔織法〕
1. 輪狀起針，以輪編鉤織短針的盒底，再以花樣編完成盒身。
2. 沿開口接續鉤織引拔針。
3. 輪狀起針，鉤織短針、引拔針製作蓋子。
4. 輪狀起針，鉤織提鈕，最終段針目穿線後縮口束緊。
5. 將提鈕固定於蓋子上。

配色

	59	**60**	**61**
A色	冰藍	綠色	深粉
B色	黃色	橘色	淺粉
C色	粉紅	淺黃	水藍

本體
4/0號鉤針

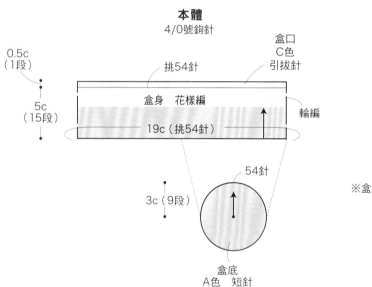

0.5c
（1段）

盒口
C色
引拔針

挑54針

5c
（15段）

盒身　花樣編

輪編

19c（挑54針）

3c（9段）

54針

盒底
A色　短針

※盒底加針與花樣編配色參照織圖。

縫製方法

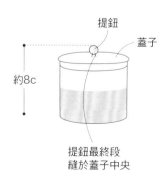

提鈕
蓋子
約8c
提鈕最終段
縫於蓋子中央

本體織圖

■=A色　　□=B色　　□=C色　　▶=剪線

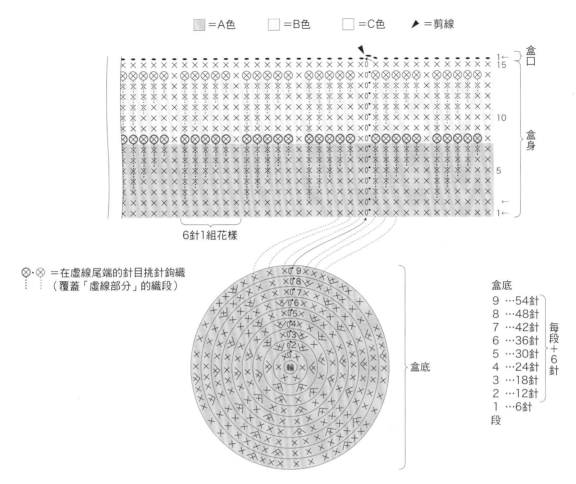

盒口
盒身
15
10
5
1

6針1組花樣

⊗・⊗ ＝在虛線尾端的針目挑針鉤織
（覆蓋「虛線部分」的織段）

盒底

盒底	
9	…54針
8	…48針
7	…42針
6	…36針
5	…30針
4	…24針
3	…18針
2	…12針
1	…6針
段	

每段＋6針

蓋子織圖
C色　4/0號鉤針

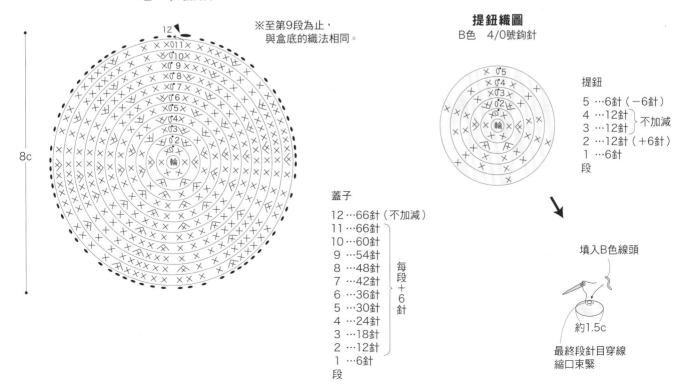

※至第9段為止，
與盒底的織法相同。

8c

蓋子	
12	…66針（不加減）
11	…66針
10	…60針
9	…54針
8	…48針
7	…42針
6	…36針
5	…30針
4	…24針
3	…18針
2	…12針
1	…6針
段	

每段＋6針

提鈕織圖
B色　4/0號鉤針

提鈕	
5	…6針（－6針）
4	…12針
3	…12針
2	…12針（＋6針）
1	…6針
段	

不加減

填入B色線頭

約1.5c

最終段針目穿線
縮口束緊

〔線材〕
並太棉線

62		**63**	
乳白	25g	灰色	30g
淺紫	20g	橘色	15g
紅色	10g	白色	7g
白色	6g	粉紅	5g
綠色	5g	黃色	5g
草綠	5g	黃綠	5g
杏色	5g	褐色	5g
		淺橘	5g

〔工具〕
鉤針 5/0號

〔密度〕
短針（10cm正方形） 21.5針 23.5段
花樣編 21.5針=10cm 9段=6cm

〔完成尺寸〕
底部直徑11cm 高11.5cm

〔織法〕
1. 輪狀起針，以輪編鉤織短針、花樣編、引拔針製作本體A。
2. 鎖針起針進行輪編，鉤織短針、緣編製作本體B。
3. 在本體B的起針段挑針，沿著抽出口鉤織引拔針。

本體B 5/0號鉤針

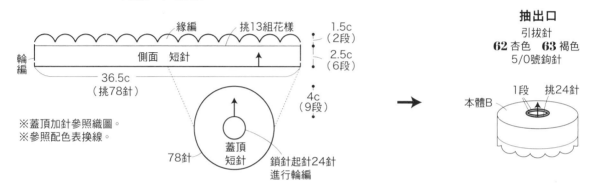

※蓋頂加針參照織圖。
※參照配色表換線。

抽出口
引拔針
62 杏色 **63** 褐色
5/0號鉤針

本體B·抽出口織圖

※僅側面第1段鉤織短針筋編。

★＝起針處
鎖針起針24針，進行輪編。

本體B配色

		56	**57**
蓋頂	1～4段	淺紫	橘色
	5～6段	草綠	白色
	7～9段	淺紫	橘色
側面	1～3段	淺紫	橘色
	4段	草綠	白色
	5～6段	淺紫	橘色
緣編		淺紫	橘色

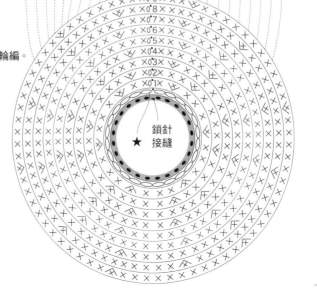

蓋頂
9…78針
8…72針
7…66針
6…60針
5…54針
4…48針
3…42針
2…36針
1…在鎖針24針段 挑30針
每段＋6針

本體A

5/0號鉤針

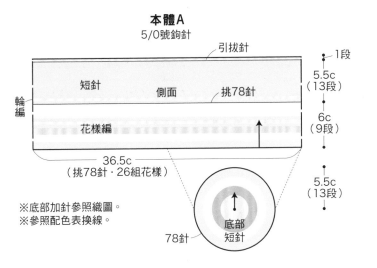

引拔針

短針　　　側面　　　挑78針

輪編

花樣編

・1段
5.5c（13段）
6c（9段）
5.5c（13段）

36.5c
（挑78針・26組花樣）

※底部加針參照織圖。
※參照配色表換線。

底部
短針
78針

本體A配色

		62	63
底部	1～4段	白色	淺橘
	5～7段	淺紫	褐色
	8～10段	草綠	白色
	11～13段	杏色	灰色
花樣編	1～2段	乳白	灰色
	3段	綠色	黃綠
	4段	紅色	粉紅
	5段	乳白	灰色
	6段	白色	淺橘
	7段	乳白	灰色
	8段	綠色	黃綠
	9段	紅色	黃色
短針	1段	乳白	灰色
	2段	白色	淺橘
	3～13段	乳白	灰色
引拔針		白色	淺橘

本體A織圖

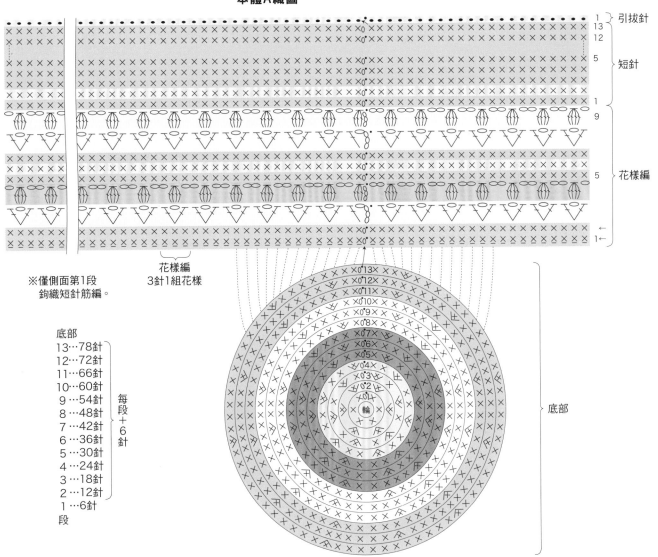

引拔針
1
13
12
5　短針
1
9
5　花樣編
1

※僅側面第1段
　鉤織短針筋編。

花樣編
3針1組花樣

底部
13…78針
12…72針
11…66針
10…60針
9…54針
8…48針　每
7…42針　段
6…36針　＋
5…30針　6
4…24針　針
3…18針
2…12針
1…6針
段

底部

〔線材〕

64
極太毛線
粉紅　32g
紅色　24g
芥末黃　22g
淺粉　9g
並太毛線
粉橘　27g
深藍　21g

65
極太毛線
珊瑚粉　28g
藍色　24g
橘色　17g
粉紅　13g
芥末黃　10g
並太毛線
淺粉　18g
黃色　15g

〔工具〕
鉤針　8/0號
〔完成尺寸〕
直徑32cm
〔織法〕
輪狀起針，以輪編鉤織花樣編完成本體。

配色

	64	65
1段	紅色	黃色（2股線）
2段	淺粉	淺粉（2股線）
3段	粉橘（2股線）	橘色
4段	粉紅	珊瑚粉
5段	紅色	芥末黃
6段	淺粉	淺粉（2股線）
7段	深藍（2股線）	黃色（2股線）
8段	粉橘（2股線）	藍色
9段	粉紅	淺粉（2股線）
10段	芥末黃	橘色
11段	淺粉	淺粉（2股線）
12段	紅色	珊瑚粉
13段	粉橘（2股線）	粉紅
14段	粉紅	藍色
15段	芥末黃	芥末黃
16段	深藍（2股線）	珊瑚粉

本體
8/0號鉤針

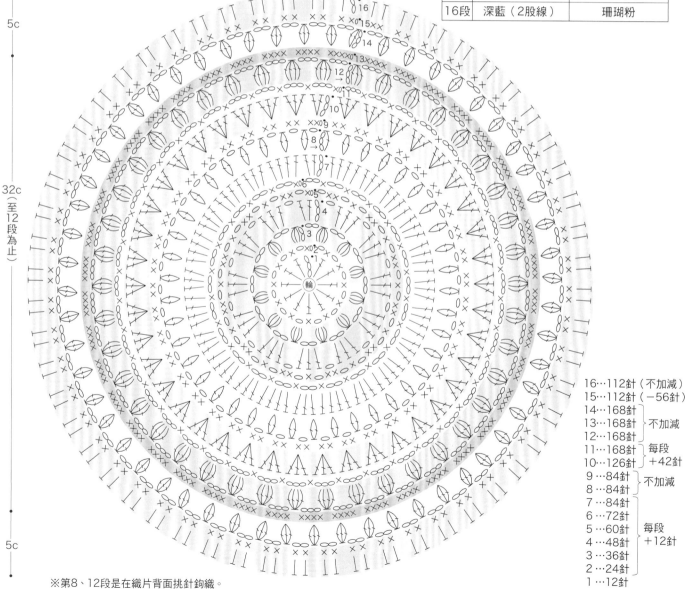

16…112針（不加減）
15…112針（−56針）
14…168針
13…168針 }不加減
12…168針
11…168針 }每段
10…126針 +42針
9…84針 }不加減
8…84針
7…84針
6…72針
5…60針 }每段
4…48針 +12針
3…36針
2…24針
1…12針
段

※第8、12段是在織片背面挑針鉤織。

69・70・71・72・73・74

〔線材〕
69～74通用
合太毛線
繡線（約25號）
　喜愛的顏色
　底部　約15g
　本體　約9g（一段約1g）
〔其他材料〕
　棉花　適量

〔工具〕
　鉤針　5/0號
〔完成尺寸〕
　底部直徑6cm　高約7cm

〔織法〕
1. 輪狀起針，鉤織長針完成底部。
2. 輪狀起針，鉤織花樣編完成本體。
3. 底部與本體最終段對齊，進行捲針綴縫，並且在中途填入棉花。

底部織圖
5/0號鉤針

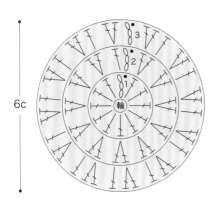

6c

本體織圖
5/0號鉤針

※每段皆換色鉤織。

⌣＝在前段的針目之間挑束鉤織。

▷＝接線

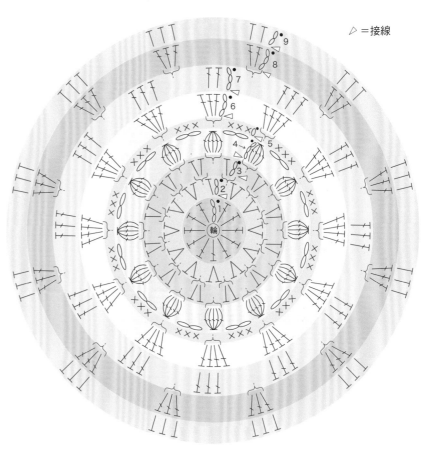

底部
3…36針 ⎫
2…24針 ⎬ 每段＋12針
1…12針 ⎭
段

本體
9…36針 ⎫ 不加減
8…36針 ⎭
7…36針（－12針）
6…48針（＋12針）
5…36針（不加減）
4…36針・12組花樣（參照織圖）
3…24針（不加減）
2…24針（＋12針）
1…12針
段

縫製方法

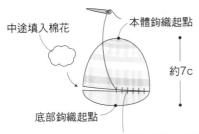

中途填入棉花

本體鉤織起點

約7c

底部鉤織起點

挑最終段所有針目進行捲針綴縫

〔線材〕

66
春夏扁帶線
水藍　15g
芥末黃　11g

67
合太毛線
淺粉　8g
深粉　5g
粉紅　5g

68
春夏扁帶線
淺綠　26g

〔工具〕
鉤針　5/0號

〔完成尺寸〕
參照圖示

〔織法〕
1. 輪狀起針，鉤織花樣織片。
2. 在織片上接線鉤織吊繩。

花樣織片織圖
5/0號鉤針

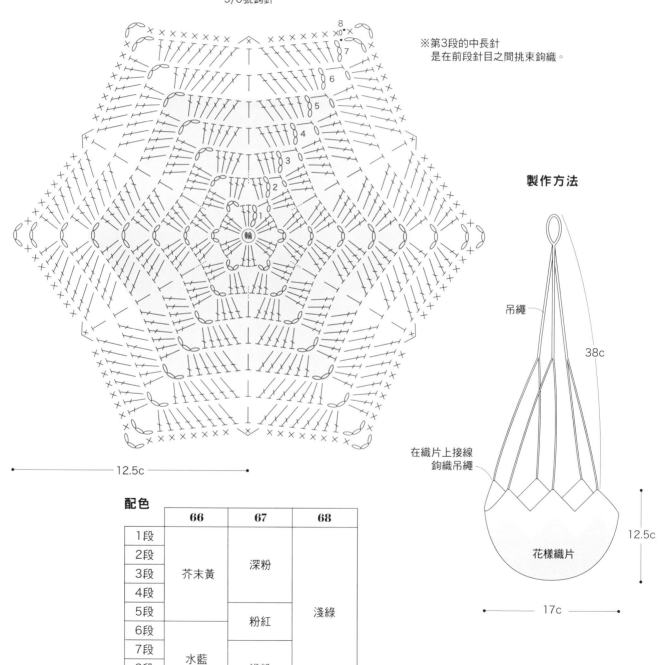

※第3段的中長針
　是在前段針目之間挑束鉤織。

← 12.5c →

製作方法

吊繩

38c

在織片上接線
鉤織吊繩

花樣織片

12.5c

← 17c →

配色

	66	67	68
1段	芥末黃	深粉	淺綠
2段			
3段			
4段			
5段		粉紅	
6段			
7段	水藍	淺粉	
8段			
吊繩			

吊繩織圖
5/0號鉤針

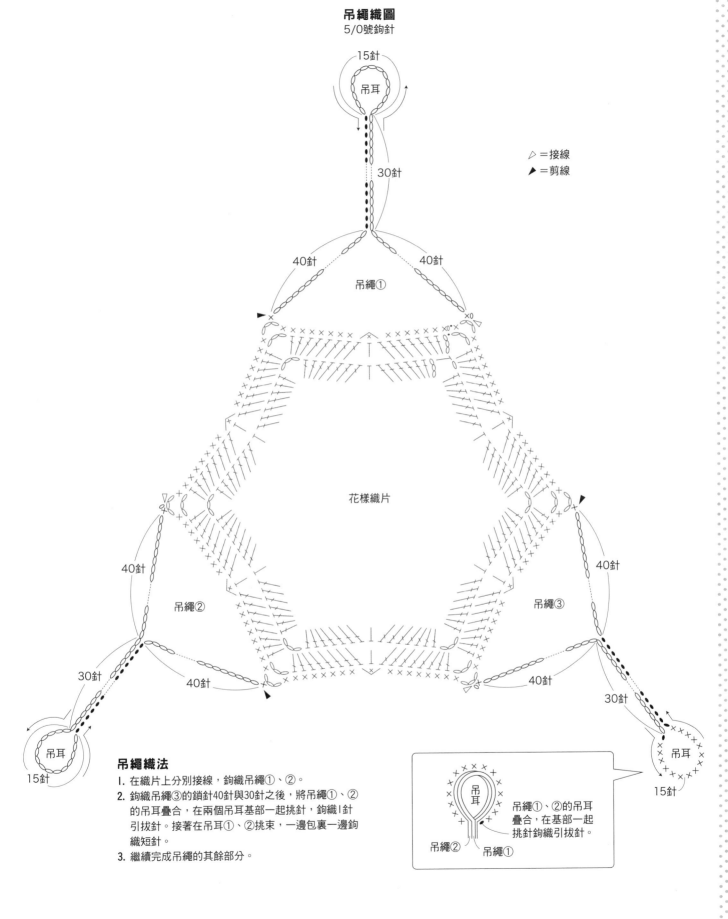

15針

吊耳

30針

▷＝接線
▶＝剪線

40針　40針

吊繩①

花樣織片

40針　40針

吊繩②　吊繩③

30針　40針　40針　30針

吊耳　吊耳

15針　15針

吊繩織法

1. 在織片上分別接線，鉤織吊繩①、②。
2. 鉤織吊繩③的鎖針40針與30針之後，將吊繩①、②
   的吊耳疊合，在兩個吊耳基部一起挑針，鉤織1針
   引拔針。接著在吊耳①、②挑束，一邊包裹一邊鉤
   織短針。
3. 繼續完成吊繩的其餘部分。

吊耳

吊繩②　吊繩①

吊繩①、②的吊耳
疊合，在基部一起
挑針鉤織引拔針。

〔線材〕
並太棉線

79 紅色　7g
80 薄荷綠　5g
　　紫色　2g
81 深粉　7g
82 藍色　2g
　　粉紅　2g
　　灰色　1.5g
　　黃色　1.5g
83 橘色　5.5g
　　水藍　1.5g
84 黃綠　5.5g
　　淺粉　1.5g

85 黃色　5g
　　褐色　2g
86 綠松石　7g
〔其他材料〕
　鈕釦（1.2cm）1顆
　喜愛的鑰匙圈金屬配件
　單圈
〔工具〕
　鉤針　5/0號

〔密度（10cm正方形）〕
　短針　25針　26段
〔完成尺寸〕
　寬5.5cm　深4cm
〔織法〕
1. 鎖針起針，以輪編鉤織短針的袋身。
2. 接續以往復編鉤織短針的袋蓋，最終段製作釦眼。
3. 安裝鈕釦與鑰匙圈金屬配件。

本體

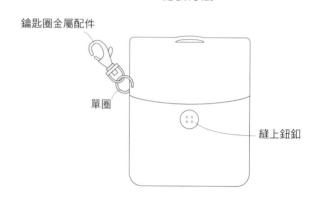

縫製方法

※袋身加針、配色參照織圖。

79・81・86　本體織圖　　　　　　　　**80　本體織圖**

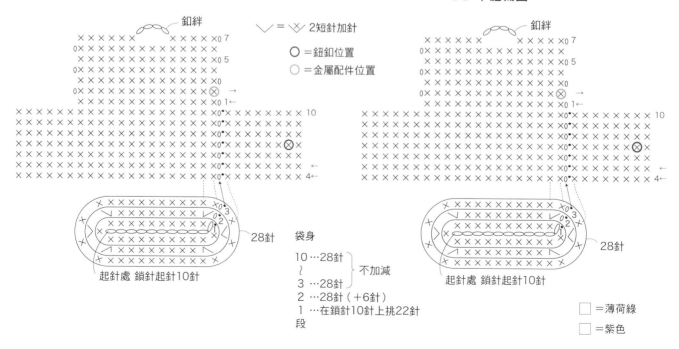

∨＝⅄2短針加針

○＝鈕釦位置
○＝金屬配件位置

袋身
10…28針
〜　　　不加減
3…28針
2…28針（＋6針）
1…在鎖針10針上挑22針
段

□＝薄荷綠
□＝紫色

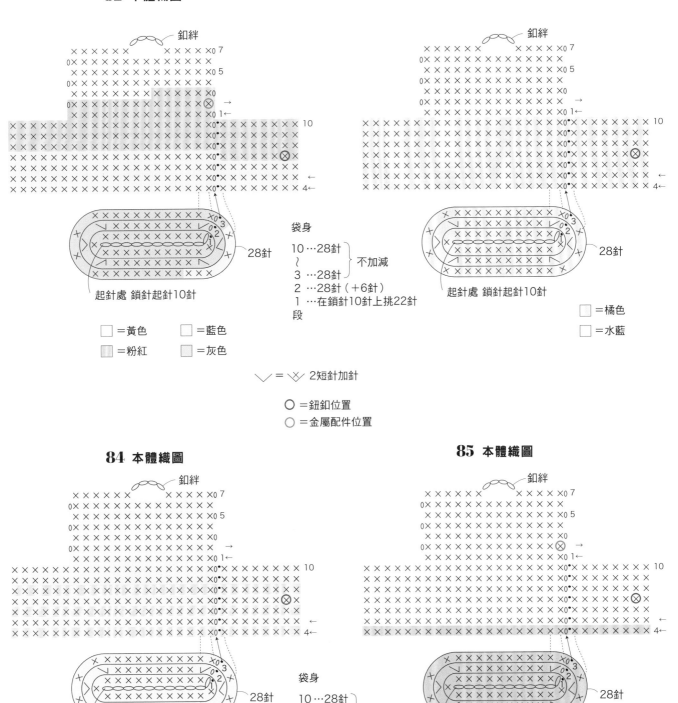

82 本體織圖

釦絆

袋身

10…28針
～
3…28針 } 不加減
2…28針（＋6針）
1…在鎖針10針上挑22針
段

起針處 鎖針起針10針

28針

□＝黃色　　□＝藍色

▨＝粉紅　　▧＝灰色

83 本體織圖

釦絆

起針處 鎖針起針10針

28針

□＝橘色

□＝水藍

∨＝⋎＝2短針加針

◯＝鈕釦位置

◎＝金屬配件位置

84 本體織圖

釦絆

袋身

10…28針
～
3…28針 } 不加減
2…28針（＋6針）
1…在鎖針10針上挑22針
段

起針處 鎖針起針10針

28針

□＝黃綠

▧＝淺粉

85 本體織圖

釦絆

起針處 鎖針起針10針

28針

□＝黃色

▨＝褐色

〔線材〕

75
合太毛線
粉紅 5g
灰色系 2g
黃色 1g
中細絨毛線
杏色 3g
76
合太毛線
黃色系 5g
橘色 3g
綠色 1g
中細毛海
水藍 2g
77
合太毛線
水藍 5g
褐色 5g

78
合太毛線
粉色系 4g
黃色 1g
中細毛海
淺綠 3g
中細毛線
白色 1g
合細毛線
灰色 1g

〔工具〕
鉤針 5/0號
〔密度（10cm正方形）〕
花樣編 23針 16段

〔完成尺寸〕
長24cm
〔織法〕
輪狀起針，以輪編鉤織短針、花樣編完成本體。

本體織圖

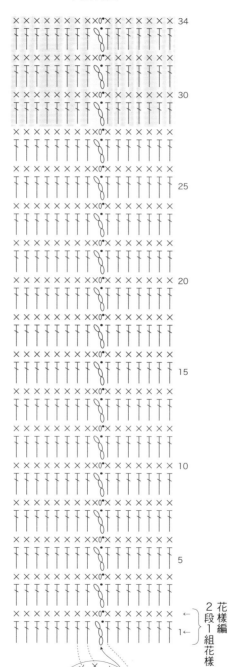

本體
5/0號鉤針

輪編

花樣編

21c
（34段）

7c
（16針）

3c（4段）

短針

※參照織圖加針。
※參照配色表換線。

75　配色

短針	粉紅
1～16段	粉紅
17～22段	灰色系
23～32段	杏色
33・34段	黃色

76　配色

短針	黃色系
1～14段	黃色系
15～18段	綠色
19～28段	水藍
29～34段	橘色

77　配色

短針	水藍
1段	水藍

※花樣編第2段起，
　重複鉤織褐色3段、水藍3段。

78　配色

短針	黃色
1・2段	黃色
3～8段	白色、灰色的2股線
9～22段	淺綠
23～34段	粉色系

2段1組花樣
花樣編

短針

4 …16針（不加減）
3 …16針（+4針）
2 …12針（+6針）
1 …6針
段

鉤織前的基礎須知

✳ 操作圖（製圖）說明

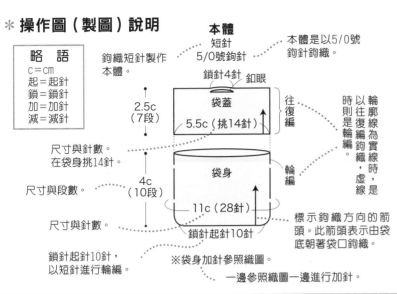

略 語
c＝cm
起＝起針
鎖＝鎖針
加＝加針
減＝減針

鉤織短針製作本體。

本體
短針
5/0號鉤針

本體是以5/0號鉤針鉤織。

鎖針4針　釦眼

2.5c（7段）

袋蓋

5.5c（挑14針）

4c（10段）

袋身

11c（28針）

鎖針起針10針

尺寸與針數。
在袋身挑14針。

尺寸與段數。

尺寸與針數。

鎖針起針10針，
以短針進行輪編。

※袋身加針參照織圖。

一邊參照織圖一邊進行加針。

往復編

輪編

時則是輪編。
以往復編鉤織，
以輪廓線為實線時，虛線是

標示鉤織方向的箭頭。此箭頭表示由袋底朝著袋口鉤織。

✳ 鉤針編織的織圖說明

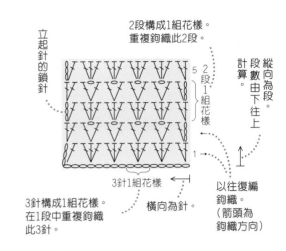

立起針的鎖針

2段構成1組花樣。
重複鉤織此2段。

3針構成1組花樣。
在1段中重複鉤織此3針。

縱向為段。
段數由下往上計算。

橫向為針。

以往復編鉤織。
（箭頭為鉤織方向）

✳ 關於密度

所謂「密度」，是表示針目大小的鉤織基準，通常是以10cm正方形織片內織入幾針（針數）、幾段（段數）來計算。即使是以相同的織線鉤織，還是可能因為各人鉤織力道不同而出現鬆緊程度不一的情形。鉤織作品前請務必進行試織，測量自己的實際密度。

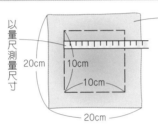

以量尺測量尺寸

20cm　10cm　10cm　20cm

實際鉤織完成試織片

（由於織片邊端容易出現針目大小不一、鬆緊程度不同的情形，因此請鉤織20cm大的正方形試織片。）

為避免重壓針目，以蒸氣熨斗稍微隔空整燙後，測量織片中央10cm正方形，計算該範圍內的針數與段數。

※與作法頁的標準密度相比，計算的針數、段數較多（針目太緊）時，改用較粗的鉤針編織，較少（針目太鬆）時，改用較細的鉤針來調整密度。

✳ 往復編 & 輪編

往復編　每織一段就將織片翻面，交互看著織片的正面與背面鉤織。

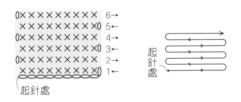

起針處

每一段交互看著織片的正面與背面，依照箭頭的方向鉤織。（箭頭向左時看著正面，向右時則看著織片背面鉤織）。

輪編　一直看著織片正面，每一段都朝著相同方向鉤織。

由中心開始的輪編

輪狀起針，由中心開始向外鉤織。始終看著織片正面，朝逆時鐘的方向鉤織。

織成筒狀的輪編

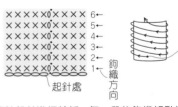

鉤織方向
起針處

鎖針起針進行輪編，每一段的鉤織終點皆與該段的第1針鉤引拔針，接合成圈。以螺旋狀進行鉤織。

✳ 段的針頭

針目頂端的鎖狀部分稱為「針頭」。挑針鉤織或綴縫接合時，請依指示在針頭挑半針（1條）或挑一針（2條）。

段的針頭
針腳

※針頭下方的部分稱為「針腳」。

**挑針頭外側
1條線（半針）**

外側1條線

**挑針頭內側
1條線（半針）**

內側的1條線

挑針頭2條線

✳ 立起針的鎖針

必要的鎖針高

鉤針編織時，會在每段最初鉤織與該段針目相同高度的鎖針，稱為「立起針的鎖針」。除短針之外，立起針的鎖針皆算作段的第1針。

鉤織短針時

1針

鉤織中長針時

1針

鉤織長針時

1針

立起針的鎖針1針

立起針的鎖針2針

立起針的鎖針3針

基礎鉤織技巧

基本針法

＊ 起針

鎖針起針

① 左手如圖掛線，鉤針抵住織線外側，依圖示旋轉一圈。

② 形成線圈掛在針上。左手按住線圈交叉處，鉤針依圖示掛線鉤出。

③ 針尖如圖掛線，從線圈中鉤出織線。

④ 重複掛線鉤出的步驟鉤織針目。

鎖針起針（中途換色時）

① 鉤織後暫休針不剪線，鉤針改掛新線繼續鉤織。

新線

② ③

再次改換不同色線時，織法相同，鉤針掛新線繼續鉤織。

手指繞線的輪狀起針

※以第1段鉤織短針為例來解說。

① 左手食指繞線2圈。

② 取下線圈（輪），鉤針如圖示穿入，掛線鉤出。

③ 鉤針再次掛線，依圖示引拔。

④ 鉤織第1段立起針的鎖針，鉤針穿入輪中，掛線後依圖示鉤出，完成短針。

立起針的鎖針1針

⑤ 在輪上織入必要針數的短針後，拉動線頭找出連動的線圈，先收緊一個線圈。

⑥ 再次拉動線頭，收緊另一個線圈。

⑦ 鉤針如圖在第1針短針挑針，鉤織引拔針。

鎖針接合成圈的輪狀起針　※以第1段鉤織長針為例來解說。

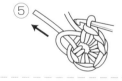

① 鉤織必要針數的鎖針後，鉤針依圖示穿入最初的針目。

② 鉤針掛線引拔。

③ 鉤織第1段立起針的鎖針3針。

④ 鉤針掛線，依圖示穿入鎖針輪中。

立起針的鎖針3針

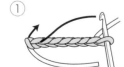

⑤ 鉤織長針。

⑥ 鉤織必要針數的長針後，依圖示在立起針的鎖針第3針挑針，鉤織引拔針。

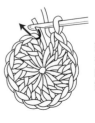

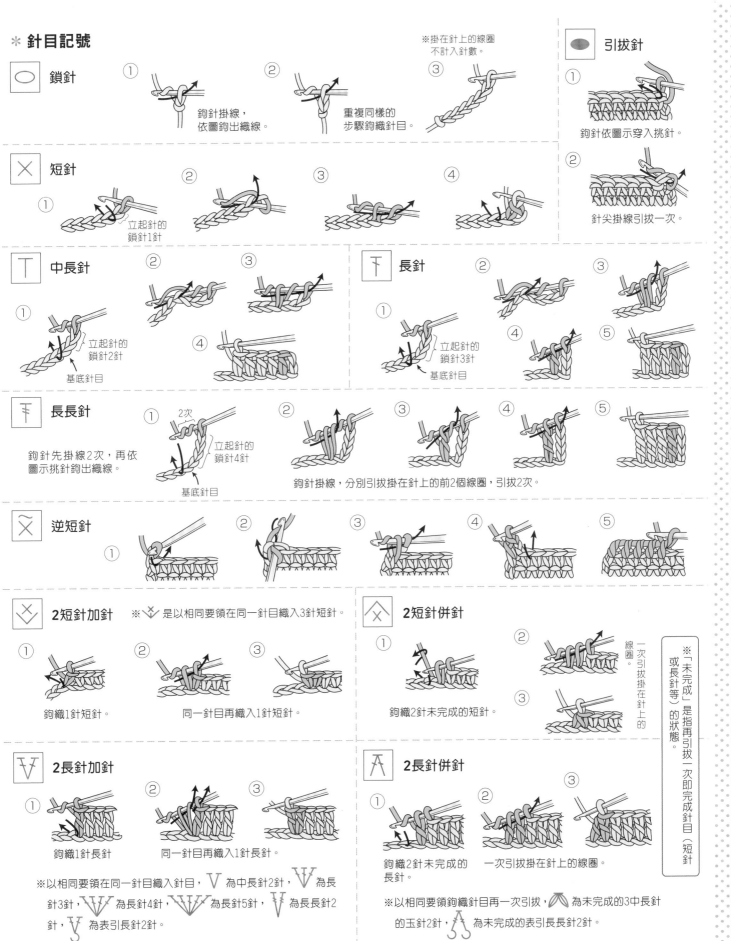

* **針目記號**

鎖針 ⬭

① 鉤針掛線，依圖鉤出織線。
② 重複同樣的步驟鉤織針目。
③

※掛在針上的線圈不計入針數。

引拔針 ⬬
① 鉤針依圖示穿入挑針。
② 針尖掛線引拔一次。

短針 ⊠
① 立起針的鎖針1針
② ③ ④

中長針 ⊤
① 立起針的鎖針2針　基底針目
② ③ ④

長針 ⊤
① 立起針的鎖針3針　基底針目
② ③ ④ ⑤

長長針
① 2次　立起針的鎖針4針　基底針目
② ③ ④ ⑤
鉤針先掛線2次，再依圖示挑針鉤出織線。
鉤針掛線，分別引拔掛在針上的前2個線圈，引拔2次。

逆短針 ⊠
① ② ③ ④ ⑤

2短針加針 ⊻
※ 是以相同要領在同一針目織入3針短針。
① 鉤織1針短針。
② 同一針目再織入1針短針。
③

2短針併針 ⋀
① ② ③
鉤織2針未完成的短針。　一次引拔掛在針上的線圈。

※「未完成」是指再引拔一次即完成針目（短針或長針等）的狀態。

2長針加針 V
① 鉤織1針長針。
② 同一針目再織入1針長針。
③

※以相同要領在同一針目織入針目，V 為中長針2針，W 為長針3針，W 為長針4針，W 為長針5針，V 為長長針2針，V 為表引長針2針。

2長針併針 A
① 鉤織2針未完成的長針。
② 一次引拔掛在針上的線圈。
③

※以相同要領鉤織針目再一次引拔，⋀ 為未完成的3中長針的玉針2針，⋀ 為未完成的表引長長針2針。

筋編（短針時）

①
挑前段針頭的外側半針。

②
鉤織短針。

※ ⌒ 以相同方式挑針鉤織引拔針。

 結粒針

①
鉤織3針鎖針再依圖示挑針。 ←鎖針3針

②
針尖掛線一次引拔。

③

 3中長針的玉針

①
挑前段同一針目，鉤織3針未完成的中長針。

②

③
第1針 第2針 第3針
一次引拔。

④

※以相同要領鉤織針目再一次引拔，⬮ 為未完成的中長針4針，⬮ 為未完成的中長針5針，⬮ 為未完成的中長針7針。

 2長針的玉針

①

②
在前段的同一針目挑針，鉤織未完成的長針2針。

③
一次引拔。

④

※「未完成」是指再引拔一次即完成針目（短針或長針）的狀態。

 3長針的玉針

①

②
在前段的同一針目挑針，鉤織未完成的長針3針。

③
依圖示一次引拔。

④

※以相同要領鉤織針目再一次引拔，⬮ 為未完成的長針4針，⬮ 為未完成的長針5針。

 5長針的爆米花針

※ ⬮ 是步驟①鉤織長針4針，再以相同要領引拔。

①
鉤織長針5針，先抽出鉤針再依圖示穿回。

②
依圖示引拔。

③
鉤針掛線，依圖示再次引拔。

④

 左上交叉長針

※ ⬮ 是以相同要領，在①鉤織表引長針1針，再於該針目外側挑針，鉤織長針2針。

①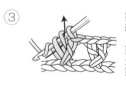
依圖示掛線挑針，鉤織長針1針。

②
依圖示掛線挑針。

③
在最初鉤織的長針外側，鉤織1針長針。

④

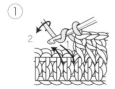 表引長針

※看著織片背面鉤織表引上針時，其實是鉤織裡引上針。

①
掛線後依圖示挑針，掛線鉤出。

②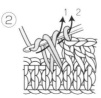
鉤織長針。

③

※ ⌐ 是以相同要領挑針，鉤織長長針。

 裡引長針

※看著織片背面鉤織裡引上針時，其實是鉤織表引上針。

①
掛線後依圖示挑針，掛線鉤出。

②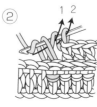
鉤織長針。

③

✳ 挑束鉤織

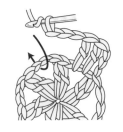

鉤針如圖示穿入前段鎖針下方的空間，挑起整條針目的鉤織方法稱為「挑束」鉤織。

※「挑針鉤織」
與
「挑束鉤織」的差異

織入2針以上的針目記號，大致分成針腳密合與針腳分開兩種情形。這不同之處，就是表示在前段織入針目時，是穿入針目的挑針，或穿入下方空間的挑束。

●穿入針目挑針　　●穿入下方挑束

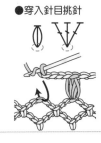

✳ 鎖針接縫

① 鉤織終點　鉤織起點　直接拉出織線

②

③ 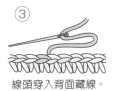　線頭穿入背面藏線。

✳ 束口收緊

① 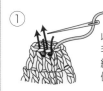　收針處的線頭穿入毛線針，依圖示挑縫最終段針頭的外側1條線。

② 　拉線收口束緊，線頭穿至織片背面，再藏入織片中。

✳ 換線配色與藏線

在織段中途換線

換線前1針在未完成的狀態下，鉤針改掛新線引拔，完成針目。

在織段最後換線

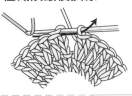

鉤織前段針目最後的引拔針時，鉤針改掛新線引拔。

條紋模樣的換線

鉤織針目後暫休針不剪線，下一輪配色時，縱向渡線繼續鉤織。

渡線

在織片邊端換線

線頭不打結而是預留約8cm，鉤織完成後再一起處理藏線。

前段最後一針在未完成針目的狀態下，鉤針改掛新線引拔。

✳ 織入圖案

包覆鉤織

以a色線鉤織針目時包入b色線，以b色線鉤織針目時包入a色線，進行鉤織。

① b色　a色
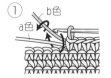

②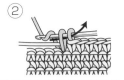

收針藏線

作品鉤織完成後，線頭穿入毛線針，藏入織片背面的針目裡。

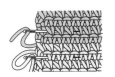

在織片背面渡線

b色線置於織片外側暫休針，以a色線鉤織必要針數。鉤針改掛暫休的b色線，鉤織下1針，b色線就會在織片背面形成渡線的模樣。

① a色　b色
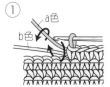

②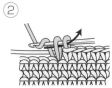

縱向渡線

織片背面的編織線與暫休針的織線交叉換線，進行鉤織。
由於是交叉換線鉤織，因此需要按照1段中換線的次數來準備織線球。

① b色　a色
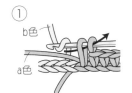
換線前1針在未完成的狀態下，由a色線換成b色線引拔。

②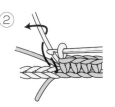
a色線置於織片外側暫休針，鉤針掛b色線鉤織下1針。

③
以b色線接續鉤織。

④ ←第2段
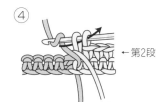
第2段是看著織片背面鉤織。換線前1針在未完成的狀態下，先將織線移至織片內側暫休針，鉤針改掛接續色線來引拔。

⑤ ←第3段
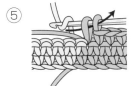
看著織片正面鉤織第3段。換線前1針在未完成的狀態下，如圖示交叉a色與b色線。

⑥ 正面　背面
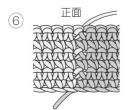
織片背面縱向渡線的模樣。

✳ 引拔接合花樣織片

鉤針由織片正面穿入前一片完成織片的
鎖針線圈，鉤織引拔針。

① ②

✳ 綴縫・併縫

挑針綴縫

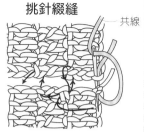

共線

織片正面朝上併攏，
在正面挑針綴縫。

引拔併縫

兩織片正面相對，鉤針
穿入相對針目的針頭，
鉤織引拔針。

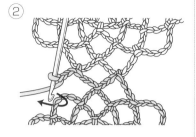

鎖針與引拔接合

① 鎖針

※鎖針針數請依照花樣大小來調整。

兩織片正面相對疊合，重複
鉤織引拔針與鎖針來接合。

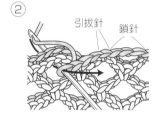

② 引拔針 鎖針

③ 織片正面的模樣

捲針併縫

兩織片背面相對疊合，
毛線針挑縫針目的針頭。

・全針目的捲針併縫

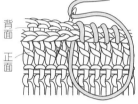

背面 正面

分別挑縫針頭的2條線。

・半針目的捲針併縫

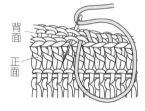

背面 正面

分別挑縫針頭的1條線。

✳ 三股編

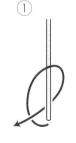

① 織線並排。

A B C

② C A B

右側的C交叉疊在
B上，左側的A交
叉疊在C上。

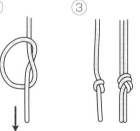

③ C A B → C B A

右側的B交叉
疊在A上。

④ B A C → B A C

左側的C交叉疊在B上，右
側的A交叉疊在C上。外側
織線輪流交叉疊在內側織
線上，完成編繩。

✳ 單結

① 織線捲繞一圈
打單結。

② 下拉線頭。

③ 完成！無論幾條線
打結方法皆相同。

✳ 手縫針法

捲針縫

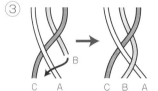

藏針縫

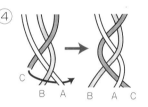

0.3～0.5c

✳ 縫釦方法

① 鈕釦
（背面）

止縫結

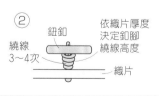

② 鈕釦

繞線
3～4次

依織片厚度
決定釦腳
繞線高度

織片

✳ 單圈用法

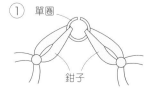

① 單圈

鉗子

單圈開口朝上，
以兩支鉗子
夾住兩側。

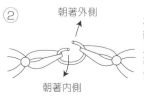

② 朝著外側

朝著內側

左手朝內、右手朝外扭
轉，打開單圈開口。穿
入針目或配件後，再朝
著反方向扭轉單圈，閉
合開口。

 ○ ✕

如✕的錯誤示範，朝著左右拉
開，單圈開口就無法確實閉合
且影響美觀，請務必留意！

● 樂·鉤織 28

零碼線的玩色拼接小物
34款創意短時輕手作

作　　者／Boutique-sha
譯　　者／林麗秀
發 行 人／詹慶和
特約編輯／蔡毓玲
責任編輯／詹凱雲
編　　輯／劉蕙寧‧黃璟安‧陳姿伶
責任美編／韓欣恬‧周盈汝（封面設計）
美術編輯／陳麗娜
出 版 者／Elegant-Boutique新手作
發 行 者／悅智文化事業有限公司
郵政劃撥帳號／19452608
戶　　名／悅智文化事業有限公司
地　　址／新北市板橋區板新路206號3樓
電　　話／(02)8952-4078
傳　　真／(02)8952-4084
電子郵件／elegant.books@msa.hinet.net

2024年1月初版一刷　定價 420元

Lady Boutique Series No. 8334
AMATTA KEITO DE NANI TSUKURU ?
© 2022 Boutique-sha, Inc.
All rights reserved.
Original Japanese edition published in Japan by BOUTIQUE-SHA.
Chinese (in complex character) translation rights arranged with
BOUTIQUE-SHA
through Keio Cultural Enterprise Co., Ltd., New Taipei City, Taiwan.

經銷／易可數位行銷股份有限公司
地址／新北市新店區寶橋路235巷6弄3號5樓
電話／(02)8911-0825　傳真／(02)8911-0801

國家圖書館出版品預行編目(CIP)資料

零碼線的玩色拼接小物：34款創意短時輕手作 / Boutique-sha
編著；林麗秀譯.
-- 初版. -- 新北市：Elegant-Boutique新手作出版：悅智文化
事業有限公司發行, 2024.01
　面；　公分. -- (樂.鉤織；28)
ISBN 978-626-97141-8-6(平裝)

1.CST: 編織 2.CST: 手工藝

426.4　　　　　　　　　　　　　　　112021068

本作品集刊載作品，皆以剩餘毛線鉤織完成，線材廠牌不
明，類型、粗細、用量為大致基準，請作為鉤織作品時參
考。

〔作品製作〕
池上 舞……………………https://maiikegami.chu.jp
岡まり子
岡本啓子……………………https://atelier-ksk.net
金子祥子
河合真弓
トヨヒデカンナ……https://knit-c.com/
橋本真由子
akaneko
Catch the Rainbow　ゆうこ
……………………………https://www.youtube.com/c/
　　　　　　　　　　　Catchtherainbow_yuko/
farm-m …………………https://minne.com/@farm-m/
harinezumi…………Instagram @harinezumi.0105
lunedi777 …………Instagram @lunedi777
marshell………………https://marshell705.com/

〔工具提供〕
チューリップ株式会社
https://www.tulip-japan.co.jp

〔攝影協力〕
AWABEES・UTUWA
https://www.awabees.com

〔STAFF〕
編輯：井上真実、西園美加子、久富素子
攝影：久保田あかね（刊頭圖片）、藤田律子（作法）
書籍設計：牧陽子
製圖：米谷早織
織法校閱：北原さやか、高橋沙絵